I0067077

H. C. Küster

Die Gattungen Limnaeus, Amphipeplea, Chilina, Isidora und Physopsis

H. C. Küster

Die Gattungen Limnaeus, Amphipeplea, Chilina, Isidora und Physopsis

ISBN/EAN: 9783744637473

Hergestellt in Europa, USA, Kanada, Australien, Japan

Cover: Foto ©berggeist007 / pixelio.de

Weitere Bücher finden Sie auf **www.hansebooks.com**

Systematisches

Conchylien-Cabinet

von

Martini und Chemnitz.

–––––––

In Verbindung mit

Dr. Philippi, Dr. Pfeiffer, Dr. Römer und Dr. Dunker

neu herausgegeben und vervollständigt

von

Dr. C. H. Küster.

Ersten Bandes siebenzehnte Abtheilung b.

––––––––––––

Nürnberg.

Verlag von Bauer & Raspe.

Die

Gattungen

Limnaeus, Amphipeplea, Chilina, Isidora und Physopsis.

Bearbeitet

von

Dr. H. C. Küster.

Nürnberg, 1862.

Verlag von Bauer und Raspe.

(Julius Merz.)

Limnaeus Draparnaud, Schlammschnecke.

Helix Linné, Gmelin, Burrow. — Buccinum Müller. — Bulimus Poiret, Bruguière. —
Limnaeus Draparnaud, Born. — Limnaea Lamarck, Nilsson. — Stagnicola Leach. —
Limnaeus, Auct. reliq.

Gehäuse dünnwandig, eirund oder eirundlich verlängert mit spitzigem, selten gethürmten Gewinde, dessen Windungen sich rasch erweitern, so dass häufig die letzte fast das ganze Gehäuse bildet; die Naht ist einfach, meist anliegend, selten eingetieft. Mündung länglich eiförmig, oben spitzig, an der Spindelseite ausgebogen, unten gerundet; Mundsaum einfach, oft nach aussen verbreitert, zugeschärft, selten innen mit einer flachen Wulst, durch den Spindelumschlag zusammenhängend, Spindelsäule bogig, mit einer steil aufsteigenden Falte versehen, die ritzen- oder lochförmige Nabelöffnung durch den Spindelumschlag bald mehr bald weniger überdeckt oder geschlossen. Die Oberfläche ist meist fein gestreift, zuweilen ziemlich regelmässig gefurcht, bei manchen Arten ist sie hammerschlägig oder runzelig; die Farbe einfach gelb bis braun in allen Abstufungen, auch das Innere meist blass oder heller gefärbt. Die Grösse ist sehr verschieden, selbst bei den Exemplaren derselben Art stark wechselnd.

Das Thier ist ziemlich dick, meist dunkel, häufig mit gelben Flecken oder Punkten, es trägt zwei dreieckige contractile Fühler, an deren Basis innen die Augen sitzen. Der Fuss keilförmig, hinten scharf gerundet, der Mantel ganz in die Schale eingeschlossen. Die Zunge hat in der Mitte eine Reihe kleiner mit eiförmiger Schneide versehener Zähne, jederseits derselben 32 Reihen zweispitziger Hackenzähne. Die Ruthe liegt unter dem rechten Fühler, die weibliche Geschlechtsöffnung vor dem Eingang in die Lungenhöhle.

Die Eier sind gallertartig und werden in länglichen Klumpen oder wurmförmigen Massen an allerlei Gegenstände im Wasser abgelegt.

Die Schlammschnecken leben gewöhnlich gesellschaftlich, meistens in weichem schlammigen Wasser, manche scheinen hartes Wasser vorzuziehen, letztere verlassen

I. 17b.   1

dasselbe sogar zuweilen und schweifen in der Nähe desselben an feuchten Stellen herum. Die Arten scheinen vorzugsweise der nördlichen gemässigten Zone anzugehören, einzelne Arten finden sich jedoch auch in den Tropenländern und weiter nach Süden hinab.

1. Limnaeus stagnalis Linné.

Taf. 1. Fig. 1 — 6.

Testa maxima, imperforata, ovata, substriata, interdum malleata, flava; spira turrita; apertura magna, peristomate repando.

Helix stagnalis, Linné Syst. nat. p. 1249.
Buccinum stagnale, Müller Verm. p. 132. no. 324.
Helix stagnalis, Pennant. Brit. Zool. 4. t. 85. f. 136.
    „   „   Chemnitz Conch. Cab. 9. t. 135. f. 1237. 1238.
Limneus stagnalis, Draparnaud Moll. t. 2. f. 38. 39.
Limnaea stagnalis, Lamarck Anim. s. Vert. VI. 2. p. 159 no. 2; deux. Edit. 8. p. 408. no. 2.
Limnaeus stagnalis, Pfeiffer syst. Anordn. 1. p. 86. no. 2. t. 4. f. 19.
Limnaea stagnalis, Turton Man. p. 121. no. 104: f. 104.
    „   „   Nilsson Moll. Suec. p. 60 nr. 1.
    „   „   Sowerby Gen. of Shel's Limnaea f. 1.
Limnaeus   „   Rossmässler Icon. 1. p. 95. no. 49. f. 49.
    „   „   Porro Malacol. Comasca, p. 96. no. 84.
    „   „   Schmidt Conch. in Krain p. 22.
    „   „   Meinr. v. Gallenstein Kärntens Conch. p. 15.
    „   „   Stabile Fauna Elvetica p. 50. no. 57. (Hat Rossmässler's L. speciosus als diese Art copirt.)
    „   „   Millet Moll. de Maine et Loire p. 26 no. 5.
Limnaea   „   Malm in Götheb. samh. handl. f. 1853—54. p. 140.
Limnaeus   „   Wollenberg in Malak. Bl. V. p. 100. no. 11.
    „   „   Held Bayerns Moll. p. 12. no. 1.
Limnaea   „   Gredler Tyrols Conchylien. 2. p. 26. no. 136.
    „   „   Drouet Enum. d. Moll. de Fr. p. 27. no. 231.
    „   „   Dupuy Moll. de Fr. t. 22. f. 10.
Limnaeus   „   Boll Moll. Mecklenb. p. 32. no. 7.
    „   „   Betta e Martinati Moll. della Prov. Venete p. 80. no. 117.
Stagnicola vulgaris, Leach. Moll. p. 145.
             Junge Schnecke.
Limneus Tommasellii, Betta e Martinati Conch. Ven. p. 80. no. 118. f. 14.

Gehäuse sehr gross, ungenabelt, nur selten lässt der dicht anliegende Spindelumschlag eine kleine Ritze offen, dünnwandig, durchscheinend, unregelmässig gestreift, die letzte Windung häufig hammerschlägig oder gerunzelt, glänzend, blass horngelb. Das Gewinde in eine pfriemenförmige, feine, dunklere Spitze ausgezogen, gewöhnlich höher als die Mündung, die sieben Windungen flach gewölbt, selten breiter als hoch, durch eine etwas eingezogene Naht verbunden, die letzte gross, bauchig, mit einer stumpfen Kante am oberen Theil. Die Mündung gross, unregelmässig eiförmig, an der innern Seite durch die Spindelfalte fast herzförmig ausgeschnitten, unten gerundet; der Aussenrand bogig geschweift, bei ausgebildeten Stücken von der Mitte herabwärts stark vorgezogen, gewöhnlich geradeaus, scharf, selten verbreitert und etwas ausgebogen (Fig. 3), der Spindelumschlag fest anliegend, die Spindelsäule gewunden, von unten bis zur Spitze sichtbar. Höhe $1\frac{1}{2}-2\frac{2}{3}''$, Breite $10-17'''$. (Aus meiner Sammlung.)

Das Thier braungelb bis schwärzlich olivengrün, gelblich punktirt, Sohle dunkler, hell gerandet.

In der Jugend ist das Gehäuse gewöhnlich weisslich, langgestreckt, oft fast ahlenförmig (Fig. 1. 2). Später ändert die Farbe von hell strohgelb bis schwarzbraun, ebenso kommt bei den dunklen Exemplaren nicht selten ein rother Saum der Aussenlippe und rosenröthliche Farbe des Spindelumschlags (Buccinum roseolabiatum Wolff. Fig. 6) vor. Weit mehr als die Farbe ändert aber die Form vom normalen Typus (Fig. 4) nach zwei Seiten hin, einmal durch Verkürzung des Gehäuses und Erweiterung der Mündung mit verbreiterter Aussenlippe, dann durch lang ausgezogenes feines Gewinde, welches weit länger als die Mündung (Fig. 5), letztere ist dabei mehr oder weniger nach links erweitert. Mit Gredler stimme ich darin vollkommen überein, diese Formverschiedenheit einer Folge der Beschaffenheit des Aufenthaltes zuzuschreiben, so dass bei Gewässern mit stärkerem Wellenschlag die Bewegung des Thieres gegen denselben in der Richtung der Längenaxe des Gehäuses, bei ruhigem Wasser die Bewegung quer zur Richtung der Axe stattfindet und das Gehäuse diesem Zuge folgt. Dass L. stagnalis eine Verwandte von L. auricularius ist, somit nicht im System ihre Stelle fern von derselben finden darf, geht aus dem nicht seltenen Vorkommen eines verbreiterten nach aussen gebogenen Aussenrandes der Mündung (Fig. 3) genugsam hervor.

Aufenthalt: in Europa, den höchsten Norden und den äussersten Süden ausgenommen, überall, auch in Asien.

2. Limnaeus jugularis Say.

Taf. 1. Fig. 7.

Testa magna, imperforata, ovato-conica, tenuis, pellucida, laevis aut sulcato-striata, flavida; spira turrita, acuminata; apertura acute ovata, columella profunde plicata, reduplicatione arctissime adpressa.

Limnaea jugularis, Say Mich. Euc. Art. Conch.
    ,,   stagnalis, Amer. Journ. of Srienc. 31. p. 36 note.
    ,,   jugularis, Haldemen Univ. Shells of N. Am. 3. p. 16. t. 4.
    ,,   speciosus, Rossmässler Icon. 1. p. 96. f. 50.

Manchen Formen des vorigen nahe stehend. Das Gehäuse ist ungenabelt, eiförmig-konisch, heller oder dunkler gelblich, dünnwandig, fein gestreift bis fein furchenstreifig. Das Gewinde langgestreckt, zugespitzt, dunkler; die letzte Windung etwas bauchig gewölbt, ohne Spur einer Kante. Mündung zugespitzt eiförmig, an der Spindel durch die Falte etwas herzförmig ausgeschnitten; die Aussenlippe bogig geschweift, unterwärts leicht vorgezogen, der Spindelumschlag dünn, weisslich, dicht anliegend, so dass er nur als schwache Erhabenheit unterscheidbar ist. Höhe 1½ — 1³/₄‴, Breite 8—10′ ′. (Aus meiner Sammlung.)

Aufenthalt: in Seeen Nordamerika's, auch im Lewis-Fluss im Oregongebiet.

3. Limnaeus appressus Say.

Taf. 1. Fig. 8. 9.

Testa imperforata, elongata, pallide ochracea, minute striata, tenuis; spira turrita, angusta, acuminata, anfractibus convexiusculis, ultimo convexo; apertura ovata, albida, peristomate vix repando, plica columellari arcuata.

Limnaea appressa, Say in Journ. Acad. Nat. Sc. 2. p. 168.
„   „   Haldeman Univ. Shells of N. Am. 4. p. 18. t. 5.

Ebenfalls ein naher Verwandter des L. stagnalis und des vorigen, aber durch anderes Verhältniss der Mündung zum Gewinde sehr gut unterschieden. Das Gehäuse ist ungenabelt, gestreckt, blass ockerbräunlich, zuweilen mit schwärzlicher Schmutzbekleidung (Fig. 9), dünnwandig, fein gestreift. Das Gewinde höher als die Mündung, schnell verschmälert und in eine schmal kegelförmige Spitze ausgezogen; die letzte etwas bauchig. Mündung eiförmig, oben stumpfspitzig, durch die starke Spindelfalte herzförmig ausgeschnitten, Mundsaum geschweift, kaum etwas vorgezogen; der Spindelumschlag dünn, dicht angedrückt, keine oder nur eine schwache Spu einer Nabelritze offen lassend. Höhe 22‴, Breite 11‴. (Aus meiner Sammlung.)

Aufenthalt: in Nordamerika im oberen See.

4. Limnaeus auricularius Linné.

Tafel 1. Fig. 10—14.

Testa perforata, ampullacea, inflata, sublilis-ime striata vel clathrato-malleata, ochracea; spira brevissima; apertura maxima, amplicata, ovato-rotundata; peristomate continuo, patulo

Helix auricularia. Linné Syst. Nat. p. 1250.
„   „   Chemnitz Conch. Cab. 9, t. 135, f. 1241. 1242.
Buccinum auricula, Müller Verm. p. 126. no. 322.
„   „   Sturm Deutschl. Fauna VI. 1. t. 12.
Bulimus auricularius, Bruguière Dict. no. 14.
Limneus auricularius, Draparnaud Moll. 2. f. 28. 29.
Limnaea auricularia, Lamark Anim. s. Vert. VI. 2. p. 161; deux ed. 8. p. 411. no. 7.

Limnaeus auricularius, Pfeiffer Syst. Anordn. I. p. 85. t. 4. f. 17. 18.
    ,,   ,,   Rossmässler Icon. I. p. 98 f. 55.
    ,,   ,,   Nilsson Hist. Moll. Suec. p. 61. no. 2.
    ,,   ,,   Turton Mon. p. 117. f. 100.
    ,,   ,,   Porro Malacol. Comasca p. 89. no. 78.
    ,,   ,,   Stabile Conch. del Luganese p. 53. no. 64. t. 2. f. 61.
    ,,   ,,   Schmidt Conch. in Krain p. 23.
    ,,   ,,   Meinr. v. Gallenstein Kärnth. Conch. p. 16.
    ,,   ,,   Held Bayer. Moll. p. 12. no. 2.
    ,,   ,,   Boll. Moll. v. Mecklenb. p. 30. no. 1.
    ,,   ,,   Stein Moll. Berl. p. 70.
    ,,   ,,   Betta et Martinoti Conch. Venet. p. 76. no. 109.
Limnaea auricula, Risso Eur. merid. 4. p. 95. no. 220.
    ,,   auricularia, Drouet Enum. Moll. de la France. p. 27. no. 222.
    ,,   ,,   Gredler Tyrols Conch. 2. p. 18. no. 131.

Gehäuse genabelt, blasenförmig aufgetrieben, dünnwandig, fein gestreift, häufig hammerschlägig und durch Querlinien gitterig, die sich nicht selten auch in der Mündung erkennen lassen, blass ockergleb, durchscheinend. Das Gewinde ist kurz, spitzig; die Windungen nehmen rasch zu, die letzte so gross, dass sie fast das ganze Gehäuse bildet. Mündung sehr weit, eiförmig gerundet, zuweilen fast halbkreisförmig, an der Spindel wenig ausgeschnitten, glasglänzend, oben stumpfwinklig; Mundsaum zusammenhängend, da der Spindelumschlag nicht ganz auf die Wand zurückgeschlagen ist, sondern oben und unten lostritt, Spindelrand fast gerade, eine ziemlich lange Nabelrinne bildend, unten in einem weiten Bogen mit dem nach aussen gebogenen erweiterten Mundsaum übergehend. Höhe 8—15''', Breite 8—14'''. (Aus meiner Sammlung.)

Junge Gehäuse ohne ausgebildeten Mundsaum (Fig. 12. 14) zeigen oft eine sehr verschiedene Form, auffallend ist besonders die stark hervortretende Spindelfalte.

Thier gelbgrau-bräunlich, der Mantel gelb mit dunklen Flecken.

Auch bei dieser Art ist die Veränderlichkeit ausserordentlich gross und von den Aufenthaltsort so abhängig, dass Grund, Ausdehnung und sonstige Beschaffenheit der Gewässer auch je nach Umständen ihre eigene Form besitzen. Es lassen sich jedoch aus allen den verschiedenen Formen drei Varietäten feststellen:

a) Das Gehäuse ist klein, langgestreckt, die Spira hoch, die Mündung schmal, der Mundsaum im Alter zwar oft stark, gewöhnlich aber weniger erweitert. Sie zeigt dadurch eine Annäherung zu ovatus, auf der andern Seite aber auch zu der unter Fig. 3 abgebildeten Form des stagnalis (Fig. 10).

b) Die zweite Varietät hat einen stark erweiterten Mundsaum mit oft fast über das kurze Gewinde emporragenden Oberrand desselben, starke Spindelfalte und dünnes Gehäuse (Fig. 11. 12).

c) Die dritte zeigt ein weit mehr aufgetriebenes Gehäuse, besonders des Rückentheils, stark erweiterte Mündung, oft kaum über die Fläche hervorragendes Gewinde, stärkere Wandung und fast immer netzartig runzlige Oberfläche (Fig. 13. 14).

Var. a fand ich nur in seichten offenen Wassern mit Sandgrund, b und c in tiefen Wassern mit schlammigen Boden.

Aufenthalt: wie stagnalis fast alle stehenden Wasser des grössten Theils von Europa bewohnend, ist diese Art meist noch häufiger und fehlt nur da, wo das Wasser zu kalt oder zu hart ist; auch in Westasien kommt sie an vielen Punkten vor.

5. Limnaeus effusus Küster.

Taf. 1. Fig. 15. 16.

Testa umbilicata, subovata, inflata, subregulariter subtilissime costulato-striata, interdum malleata, solidula, virescenti-cornea; spira conica, acuminata, anfractibus 6 convexis; apertura ovata, corneo-flava vel rufescente, peristomate continuo, patulo, columella subprofunde plicata, superne in angulo plica minuta munita, peristomate intus canaliculato.

Var. A. Testa major, tenuior, pallide flava.

Gehäuse in der Form der vorigen Art ähnlich, genabelt, ziemlich eiförmig, etwas solide, bauchig aufgetrieben, mit feinen regelmässigen rippenartigen Streifen besetzt, zuweilen hammerschlägig und durch schwache Querleisten gegittert, von hell olivengelblich bis grünlich horngrau, die Basis gewöhnlich heller. Das Gewinde mässig hoch, kegelförmig zugespitzt; die Windungen gewölbt, die Naht zwischen der vorletzten und letzten rinnenartig eingesenkt, der vordere Theil der letzten gewöhnlich mit einer breiten herablaufenden Auftreibung, entsprechend der Furche am Mundsaum. Mündung eiförmig, oben kaum winklig, heller oder dunkler horngelb bis röthlich, der Mundsaum erweitert, etwas ausgebogen, oben gewöhnlich waagrecht gegen die Mündungswand gerichtet, der Spindelumschlag unten lostretend, ziemlich dick, weiss, die Spindelfalte gerade absteigend, mässig entwickelt, oben im Winkel des Umschlags und des Mundsaums ein einwärts laufendes Fältchen. Höhe 10—11''', Breite 7—8'''. (Aus meiner Sammlung.)

Die Varietät ist um die Hälfte grösser, dünner, blassgelblich, das Fältchen im Winkel des Umschlags durch Callusansatz zuweilen verdeckt.

Aufenthalt: in Dalmatien in der Narenta, die Varietät im Jessero grande bei Imoschi.

6. Limnaeus ovatus Draparnaud.

Taf. 1. Fig. 17.

Testa rimata, ovata, tenera, striatula; corneo-lutescens, spira brevi, late conica, acuta; anfractibus convexis, ultimo ampullaceo-ovato; apertura ovata, superne angulata; plica columellari subobsoleta, perpendiculari; peristomate acuto, vix patulo.

Helix limosa. Linné Syst. Nat. p. 1249.
,, teres. Gmelin p. 1667. no. 217.
Bulimus limosa, Chemnitz Conch. Cab. 9. t. 135. f. 1246. 1247.
Limnaeus ovatus, Draparnaud Moll. p. 50. t. 2. f. 30. 31.
Limnaea ovata, Lamarck Anim. s. Vert. VI. p. 161; deux ed. 8. p. 412. no. 8.
Limnaeus ovatus, Nilsson Hist. moll. Suec. p. 68. no. 3.
  ,, ,,   Desbayes Enc. méth. Vers. 2. p. 869. no. 10.
Limnaeus acronicus, Mühlfeld.
  ,,   ovatus, Pfeiffer Syst. Anordn. 1. p. 89. t. 4. f. 21.
  ,,   ,,   Rossmässler Iconogr. 1. p. 100. f. 56.
  ,,   ,,   Philippi Enum. Moll. Sicil. p. 146. no. 2.
  ,,   ,,   Millet Moll. de Meine et Loire p. 23. no. 2.
  ,,   ,,   Boll Moll. Mecklenb. p.,31. no. 2.
  ,,   ,,   Dupuy Moll. de Fr. t. 22. f. 13.
  ,,   ,,   Schmidt Conch. in Krain p. 23.
  ,,   ,,   M. v. Gallenstein Kärntens Conch. p. 16.
  ,,   ,,   Porro Malacolog. Comasco p. 92. no. 81.
  ,,   ,,   Stabile Conch. Luganese p. 52. no. 72. t. 2. f. 59.
  ,,   ,,   Roth Spic. Moll. p. 32. no. 1.
  ,,   ,.   Betta et Martinati Moll. d. Prov. Venete p. 78. no 114.
  ,,   ,,   Gredler Tyrols Conch. 2. p. 19. no. 132.

Gehäuse geritzt, dünnwandig und durchscheinend, eiförmig, gestreift, horngelblich, glänzend, mit einem seidenartigen Schimmer von den feinen Wachsthumsstreifchen; das Gewinde niedrig, die Windungen rundlich gewölbt, mit eingezogener Naht, welche nach unten etwas rinnenförmig eingesenkt ist; die letzte Windung bauchig gerundet, höher als breit. Mündung eiförmig, oben winklig, in der Mitte stark erweitert, an der linken Seite durch die wenig erhobene ohne Biegung absteigende Spindelfalte etwas ausgeschnitten, der Umschlag dünn, unten etwas gelöst; der Mundsaum einfach, scharf, kaum oder nur wenig ausgebogen. Höhe 7—12''', Breite 9'''. (Aus meiner Sammlung.)

Thier gelblichgrau mit gelben Flecken, der Mantel braungrünlich, dunkler gefleckt.

Von auricularius unterscheidet sich ovatus, welch letzterer wohl in der Grösse aber weniger in der Gestalt abändert, besonders durch die schön gerundete und gewölbte letzte Windung, sowie durch den fast geraden oder nur wenig ausgebogenen Mundsaum, die regelmässige Biegung desselben, die bedeutendere Längenausdehnung und die fast gerade Spindelfalte.

Aufenthalt: in Europa von Lappland bis in die Pyrenäen und nach Kleinasien, im Ural und Kaukasus.

7. Limnaeus ampullaceus Rossmässler.

Taf. 1. Fig. 18.

Testa subperforata, tenera, ovata, inflata, subplicato - striata, lutescens; spira brevissima, acuminata; anfractibus convexis; apertura acute - ovata, peristomate regulariter curvato, recto, acuto, plica columellari arcuato.

Limnaeus ampullaceus, Rossmässler Icon. II. p. 19. f. 124.
„   „   Deshayes in Lamarck An. s. Vert. 8. p. 418. no. 17.

Gehäuse mit enger Nabelritze, dünnwandig und durchscheinend, eirundlich, aufgetrieben, fein gestreift, die Streifen meist etwas erhoben und faltenartig, blass horngelblich. Das Gewinde sehr niedrig, in eine kurze Spitze auslaufend, die Windungen gewölbt, die letzte bildet fast das ganze Gehäuse. Die Mündung breit, eiförmig, oben zugespitzt, an der Spindelsäule kaum ausgeschnitten, diese ist mit einem dünnen weisslichen Umschlag bekleidet, die Falte wenig entwickelt, etwas nach hinten gebogen; Mundsaum regelmässig gerundet, geradeaus, zugeschärft. Höhe 9 — 10''', Breite 7—8'''. (Aus meiner Sammlung.)

Aufenthalt: in der südwestlichen Schweiz und in Oberitalien.

8. Limnaeus vulgaris C. Pfeiffer.

Taf. 2. Fig. 1 — 4.

Testa subrimata, ovata, corneo-lutescens, tenera, subtiliter striata; spira conica, acuta, anfractibus convexis; apertura angulato-ovata, peristomate recto, acuto, plica columellari arcuata.

Limneus auricularia var., Drapornaud t. 2. f. 32. 33.
Limnaeus vulgaris, Pfeiffer Syst. Anordn. 1. p. 89 t. 4. f. 22.
„   „   Rossmässler Icon. 1. p 97. f. 53.
„   „   Stein Moll. Berlins p. 70.
„   „   Schmidt Conch. in Krain p. 23.
„   „   M. v. Gallenstein Kärnthens Conch. p. 16.
„   „   Betta et Martinati Moll. delle Venete p. 80. no. 119.
Limnaea limosa, Malm. in Götheb. samh. handl. 1853—54. p. 442 (ex parte).
Limnaeus vulgaris, Wallenberg in Malak. Blätt. p. 110. no. 11. t. 1. f. 8.

Gehäuse mit sehr engem Nabelritz, bauchig eiförmig, dünnwandig und durchscheinend, fein gestreift, horngelb-bräunlich, zuweilen blass hornfarben. Das Gewinde zugespitzt, die Windungen gewölbt, wenig abgesetzt, auch die letzte, obwohl sehr gross, ist dem Gewinde nicht so entschieden entgegengesetzt, wie bei ovatus. Die Mündung eiförmig, oben winklig, an der Spindelseite durch die schwache bogige Spindelfalte wenig ausgeschnitten; der Mundsaum geradeaus, scharf, nur am Spindelrand etwas ausgebogen, der Spindelumschlag sehr dünn, fest anliegend, häufig nur durch die hellere Farbe unterschieden. Höhe 7—10''', Breite 5—6½''' (Aus meiner Sammlung.)

Das Thier ist gelblichgrau, mit kleinen gelblichen Pünktchen bestreut.

Von den abgebildeten Stücken stellt Fig. 1. 2 die Normalform, Fig. 3 eine auffallend verbreiterte, gewöhnlich mit schwärzlichem Umzug versehene, Fig. 4 eine sehr schlanke Form dar, welche letztere zugleich auch öfters die hammerschlägigen Eindrücke zeigt, welche bei mehreren

Arten der Gruppe des L. auricularius vorkommen. L. vulgaris ändert, wie schon die drei gegebenen Figuren beweisen, nicht minder ab, wie seine Gruppenverwandten. Immer aber dürfte die Erkennung der zu dieser Art gehörigen Schnecken durch die weit weniger überwiegende letzte Windung, was bei dem nächstverwandten ovatus so auffallend hervortritt, dann die nach unten bogig zurücktretende Columelle, die bei ovatus fast senkrecht herabsteigt, genügen, um die Individuen beider Arten auseinander zu halten.

Aufenthalt: in schlammigen Gruben, Sümpfen und Lachen im mittleren Europa.

9. Limnaeus Sandrii Küster.

Taf. 2. Fig. 5. nat. Gr. 6 vergr.

Testa subrimata, ampullacea, inflata, solidula, subtilissime striata, olivaceo-flava; spira brevissima; apertura ovata, superne vix angulata, ampliata; peristomate continuo, patulo, albido, subincrassato, plica columellari subnulla

Gehäuse klein, blasenförmig aufgetrieben, eng oder kaum merklich geritzt, solide, fein und ziemlich regelmässig gestreift, olivengelblich, gegen den Mundsaum mehr ockergelb. Das Gewinde sehr kurz, rasch verbreitert, stumpfspitzig, die Naht unterwärts eingesenkt. Mündung gross, eiförmig, oben kaum winklig, innen gelbröthlich; der Mundsaum schön gerundet, durch den nur kurz angehefteten weissen Spindelumschlag zusammenhängend, oben etwas bogig ansteigend, schön flach gerundet, etwas ausgebogen, innen merklich schwielig verdickt, die Spindelsäule nach unten zurücktretend, mit kaum merklicher Falte. Höhe 5''', Breite 4'''. (Aus meiner Sammlung.)

Aufenthalt: in Dalmatien im Kerka-Fluss, an mehreren Stellen ganz übereinstimmend gefunden, auch von dem Sanitätsdeputirten Sandri mitgetheilt.

10. Limnaeus microcephalus Küster.

Taf. 2. Fig. 7. 8.

Testa subrimata, ovata, ampullacea, tenuiuscula, vix striata, ochraceo-flava, spira minutissima, subnulla, anfractibus convexiusculis, apertura ovata, superne obtuse-angulata; peristomate recto, acutiusculo; plica columellari stricta.

Gehäuse eiförmig, im Allgemeinen dem des L. ovatus ähnlich, fein geritzt, eiförmig, aufgetrieben, ziemlich dünn, kaum oder nur wenig sichtbar gestreift, blass ockergelb. Das Gewinde sehr klein, die drei ersten Windungen nur als kleine warzenförmige Spitze auf der reissend schnell zunehmenden letzten Windung aufsitzend, die weit bauchiger als bei ovatus, unten sich rasch verschmälert. Mündung eiförmig, oben winklig und durch die Mündungswand etwas ausgeschnitten; der Mundsaum sanft gebogen; unten erweitert ausgebogen in den dünnen schmalen Spindelumschlag über-

I. 17b.

2

gehend; die Spindelfalte wenig entwickelt, gerade absteigend. Höhe 8''', Breite 6'''.
(Aus meiner Sammlung.)
Aufenthalt: im Malchin-See und andern Seeen Mecklenburgs.

11. Limnaeus doliolum Küster.

Taf. 2. Fig. 9. nat. Gr. 10—11 vergr.

Testa anguste rimata, ovata, ventricosa, tenuis, pellucida, pallide cornea, subtiliter striata; spira brevi, obtuse acuminata, late conica, anfractibus convexis, ultimo inferne subcoarctato; apertura ovata, superne angulata, peristomate minus arcuato, inferne patulo, albo-calloso; plica collumellari strictiuscula.

Gehäuse mit sehr enger Nabelritze, eiförmig, bauchig gewölbt, dünn und durchscheinend, deutlich gestreift, blasshorngelblich. Das Gewinde kurz, sehr breit kegelförmig, mit stumpfer Spitze; die Windungen gewölbt, die letzte oben breit, unten schnell eingezogen verschmälert. Mündung eiförmig, oben winklig, durch die Mündungswand ausgeschnitten; der Mundsaum wenig gebogen, unten ausgebogen verbreitert und mit weisser weit hinaufreichender Schwiele belegt. Spindelsäule mit dünnem anliegendem Umschlag, die Spindelfalte fast gerade, umgeschlagen. Höhe fast 5''', Breite 3½''' (Aus meiner Sammlung.)
Aufenthalt: im Kerka-Fluss in Dalmatien.

Bemerkung. Man könnte versucht sein, diese Schnecke, sowie L. Sandrii für Junge irgend einer andern Art zu halten. Allein, abgesehen davon, dass ich sie an mehreren Stellen so fand, ist mir in Dalmatien auch keine grössere Art vorgekommen, als deren Jugendzustände beide betrachtet werden könnten.

12. Limnaeus ampulla Küster.

Taf. 2. Fig. 12—14.

Testa perforato-rimata, irregulariter ovata, tenuis, pellucida, flava, regulariter striata, striis superne cariniformibus; spira brevissima, conica, acuta, anfractibus convexis, ultimo inferne subcoarctato; apertura ovata, superne angulata, peristomate minus arcuato, inferne patulo, albo-calloso; plica columellari strictiuscula.

Limnaeus ampullaceus, Bielz in lit.

Gehäuse ziemlich gross, durchgehend und offen geritzt, unregelmässig eiförmig, dünn und durchscheinend, olivengelb, regelmässig schräg gestreift, die Streifen nach oben zu kielförmig erhoben, nach dem Mundsaum hin gewöhnlich zahlreicher aber feiner. Das Gewinde niedrig, aus breit kegelförmiger Basis in eine scharfe Spitze auslaufend, weit nach rechts stehend, die Windungen gewölbt, durch eine rinnenförmige Naht verbunden, die letzte oben abgeflacht, stark aufgetrieben, unten schnell verschmälert. Mündung fast abgerundet viereckig, unten breiter, oben winklig und bogig ausgeschnitten, innen gelb, glasglänzend; der Mundsaum nur wenig ausgebogen, innen weisslich; Spindelfalte mit breitem Umschlag, ziemlich gerade absteigend. Höhe 12—16''', Breite 10—12'''. (Aus meiner Sammlung.)

Aufenthalt: in Siebenbürgen.

13. Limnaeus mucronatus Held.

Tafel 2. Fig. 15. nat. Gr. 16. 17. vergr.

Testa rimata, ovato-turrita, solidula, striata, ochracea; spira conica, acutiuscula, $\frac{1}{3}$ longitudinis aequante; anfractibus convexis, ultimo inflato, apertura ovata, superne obtuse angulata; peristomate sub-semicirculari-arcuato, patulo; columella obsolete plicata, inferne oblique recurva.

Limnaeus macronatus, Held in Isis von Oken, 1836 p. 271.
„   „   Held Landmollusken Bayerns p. 12 no. 5.

Gehäuse geritzt, eiförmig, gethürmt, ziemlich solide, fein und ziemlich regelmässig gestreift, ockergelb, zuweilen mit dunkleren Striemen, der äussere Theil des Mundsaums weisslich. Gewinde kegelförmig mit stumpflicher Spitze; die Windungen gewölbt, mit eingezogener, unterwärts rinniger Naht, die letzte bauchig aufgetrieben, unten ziemlich verschmälert. Mündung eiförmig, oben stumpfwinklig, durch die Mündungswand wenig ausgeschnitten; der Mundsaum fast halbkreisförmig, gerundet ausgebogen; die Spindel mit weissem Umschlag, Falte wenig entwickelt, schräg nach rückwärts herablaufend. Höhe 5—5½''', Breite 3—3½'''. (Aus meiner Sammlung aus Helds Hand.)

Aufenthalt: in den bayerischen Alpen, selten bei München.

14. Limnaeus atticus Roth.

Taf. 2. Fig. 18. nat. Gr. 19. 20. vergr.

Teste subrimata, ovata, tenera, striata, corneo-lutescens, limo obtecto; spira brevi, acuta, conica; anfractibus convexiusculis; ultimo ampullaceo, angulato-ovata, basi rotundata; peristomate recto; columella late reflexa, plica columellari obsoleta.

Limnaeus atticus, Roth Spicil. Moll. in Malak. Bl. 1855 p. 48 no. 1. t. 2. f. 16. 17.

Gehäuse eng oder kaum merklich geritzt, eiförmig, dünnwandig, fein gestreift, zuweilen mit unscheinbaren schrägen Furchen, horngelbröthlich. Das Gewinde kurz und breit kegelförmig, stumpfspitzig, über ¼ der ganzen Höhe betragend; die Windungen schwach gewölbt, die letzte bauchig, unten ziemlich verschmälert. Mündung winklig eiförmig, oben von der Mündungswand ausgeschnitten, unten gerundet;

2 *

Mundsaum geradeaus, scharf, unten schwach ausgebogen; Spindel mit breitem, nach unten schnell verschmälertem Umschlag, Spindelfalte wenig entwickelt, fast gerade. Höhe 6 — 7‴, Breite 4½ — 5‴. (Aus meiner Sammlung, vom Autor erhalten.)

Aufenthalt: in Attika in Griechenland.

15. Limnaeus intermedius Lamarck.

Tafel 2. Fig. 21. 22.

Testa rimata, ovalis, tenera, subtilissime striata, pallide corneo-flava; spira acuta, ⅓ longitudinis aequante; anfractibus convexis, ultimo ampullaceo; apertura angulato-ovata, lata, inferne rotundata; peristomate acuto, subpatulo; plica columellari stricta.

Limnaea intermedia, Lamarck Anim. s. Vert. 2 ed. 8. p. 414. no. 10.
     ,,   ,,   Michaud Compl. à Draparn. p. 86 no. 3. t. 16. f. 17. 18.
     ,,   ,,   Drouët Enum. des Moll. de France p. 26. no. 226.

Gehäuse eng geritzt, dem ersten Anblick nach einer Succinea putris ähnlich geformt, länglich, dünnwandig, sehr fein gestreift, blass horngelb. Das Gewinde fast über ⅓ der Länge betragend, mit kegelförmiger, feiner Spitze; die Windungen gewölbt, die vorletzte gross, die letzte bauchig aufgetrieben, vom Rücken aus stark nach links gezogen. Mündung weit, winklig eiförmig, in der Mitte am breitesten, oben durch die Mündungswand wenig ausgeschnitten; der Mundsaum schwach, nach unten stärker ausgebogen, unten mit dünner weisslicher Schwiele, Spindelfalte fast gerade, etwas schräg nach hinten absteigend. Höhe 7‴, Breite 5½‴. (Aus meiner Sammlung.)

Aufenthalt: in Frankreich bei Lyon, Remiremont, Troyes.

16. Limnaeus virens Küster.

Taf. 2. Fig. 23. nat. Gr. 24. 25. vergr.

Testa conico-ovata, vix rimata, substriata, sordide virescens; spira late conica, vix ⅖ longitudinis aequante, obtusiuscula, anfractibus convexiusculis, ultimo ampliato, apertura angulato-ovali; peristomate recto, plica columellari nulla.

Gehäuse kaum geritzt, konisch-eiförmig, gewöhnlich kaum merklich gestreift, schmutzig grünlich. Das Gewinde ziemlich hoch, kegelförmig mit breiter Basis, stumpfspitzig; die Windungen etwas abgesetzt, wenig gewölbt, die letzte in der Mitte stark bauchig aufgetrieben, unten schmal. Mündung eiförmig, oben winklig; der Mundsaum flach gerundet, erst gerade, unten etwas ausgebogen und schwach schwielig verdickt, fast halbkreisförmig gerundet; die Spindel ohne Falte, der ganzen Länge nach bogig, mit weisslichem Umschlag. Höhe 5—5½''', Breite 3¼—3⅔''. (Aus meiner Sammlung.)

Aufenthalt: in Oberitalien.

17. Limnaeus tumidus Held.

Taf. 3. Fig. 1—11.

Testa anguste rimata, subtiliter et subregulariter striatula, sericina, corneo-albida vel rufescens, apice corneo-rufa; anfractibus 5 convexis, ultimo ampullaceo; apertura irregulariter ovata, superne angulata, peristomate intus callo aurantio marginato; columella arcuata, plica columellari obsoleta.

Forma valde variat: ampullacea vel ovata, spira conica vel retusa, anfractu ultimo superne convexo vel plano, vel impresso.

Limnaeus tumidus,   Held in Isis von Oken 1836. p 271.
   ,,   ,,   Held, Landmoll. Bayerns p.12. no. 3.

Gehäuse eng geritzt (die Nabelritze öfters sogar ganz geschlossen), in der Form sehr veränderlich, sehr fein und ziemlich regelmässig gestreift, daher seidenglänzend, hornweisslich bis röthlich, die zweite und dritte Windung bräunlichroth. Das Gewinde bald höher, bald niedriger, jedoch selten mehr als ¼ der ganzen Höhe betragend, die Windungen gewölbt, regelmässig sehr fein gestreift, öfters mit wenig deutlichen Spirallinien, die letzte immer sehr gross, oft tonnenförmig oder bauchig verbreitert, bei abnormer Bildung oben verflacht oder eingedrückt. Die Mündung weiter oder enger, winklig, eiförmig, oben durch die Mündungswand ausgeschnitten, gelblich; der Mundsaum kaum ausgebogen, innen mit orangengelblicher Schwiele. Spindel bogig zurückgekrümmt, mit unscheinbarer Falte. (Höhe 6—10''', Breite 4—8'''. (Aus meiner Sammlung.)

Thier hellgrau, fast silbergrau, mit zwei bräunlichen Striemen von den Fühlern, aus über den Rücken.

Die ausserordentliche Veränderlichkeit dieser Art hat bis jetzt ihre allgemeine Anerkennung als solche gehindert. Es geht jedoch die Veränderung nicht so weit, dass nicht einzelne Kennzeichen, wenn auch zuweilen mehr oder weniger abgeschwächt, immer erkennbar wären. Dahin rechne ich die Farbe und Streifung, besonders die dunkler gefärbten oberen Windungen, die Schwiele des Mundsaums und die in allen Zuständen undeutliche Spindelfalte. Betrachtet man grössere Parthien dieser Schnecke, so überzeugt man sich leicht, dass zwischen den Extremen (Fig. 1 u. 10) kein Ruhepunkt statt hat, sondern dass die Uebergänge von einem zum andern in einer Menge von Abstufungen vorhanden sind, eben so von der regelmässigen Form zu den verschiedenen abnormen Gestalten. Es ist daher unmöglich, Formenvarietäten aufzustellen. Bei dem einen Extrem ist das Gehäuse dem des L. auricularius ähnlich (Fig. 1. 2). Von hier geht mit abnehmender Verbreitung der Mündung und des Mundsaums die Gestalt in die zugespitzte Eiform über (Fig. 3. 4. 5), wobei zugleich das Gewinde verhältnissmässig an Höhe zunimmt. Zwischen diese schieben sich nun die abnormen Gestalten ein, wo entweder der obere Theil der letzten Windung stark gewölbt ist, daher die Mündungswand einen grossen Theil der Mündung abschneidet und mit der Spindel in einen stumpfen Winkel zusammentritt, (Fig 6) wobei das Gewinde oft nur als kurze Spitze aus der letzten Windung hervortritt, (Fig. 7), oder die letzte Windung ist oben verflacht (Fig. 8) nicht über die Mündung erhoben (Fig. 9) ja selbst durch die tief eingesenkte Naht von der vorletzten theilweise gelöst und geradeaus (Fig. 10) oder herabgebogen (Fig. 11).

Alle diese abnormen Gestalten sind gewiss nichts anderes, als die Wirkungen des starken Wellenschlags, denen die Schnecken ausgesetzt sind, die mehr exponirte Stellen bewohnen, während solche, deren Wohnstellen die kleinen Uferbuchten geblieben sind, auch zur normalen Entwicklung gelangen.

Man hat bis jetzt die Art vorzüglich dieser abnormen Bildungen wegen nicht als selbstständig anerkennen wollen, sondern sie beliebig mit anderen zusammengeworfen (besonders mit auricularius). Dazu würden nun, wenn man von dem wulstigen Peristom, Farbe und Streifung absieht, die unter 1 u. 2 abgebildeten Schnecken passen, aber doch nicht Fig. 5? Oder will man diese bei einer anderen Art unterbringen? Wohin sind denn die Mittelformen zu stellen?

Ich ziehe vor, die Art, wie sie von Held aufgefast wurde, beizubehalten, bis durch Gründe — nicht durch Behauptungen — nachgewiesen ist, dass L. tumidus wirklich nur Lokalform einer andern deutschen Art ist. Vornehmes Ignoriren solcher Formen oder Arten, wie man sie nennen will, ist kein Gewinn für die Wissenschaft und hat gewöhnlich den Nachtheil, dass weitere Untersuchungen nicht vorgenommen werden, auch wenn sich Gelegenheit dazu bietet.

Aufenthalt im Würm- (Starnberger-) See in Südbayern, sehr häufig an seichten Uferstellen, auch in anderen süddeutschen Gewässern.

18.   Limnaeus pereger Müller.

Taf. 3.   Fig. 12—18.

Testa subrimata, ovato-elongata, interdum subventricosa, solida, striata, corneo-rubens; spira conica, acuta; anfractibus planiusculis, ultimo superne attenuato; apertura acute ovata; peristomate recto, intus sublabiato.

Buccinum peregrum,   Müller Verm. 2. p. 130. no. 324.
Helix peregra,   Gmelin p. 3659. no. 133.
    „   atrata,   Chemnitz Conch. Cab. 9. t.153. f. 1241.1.2.
    „   peregra,   Dyllwyn Cat. 2. p. 765. no. 194.
    „   „   Montagu Test. Brit. p. 313 t. 16. f. 2.
Bulimus pereger,   Bruguière Dict. no. 10.
Gulnaria peregra,   Leach Moll. p. 136.
Limneus pereger,   Draparnaud p. 50. t.2. f. 36—37.

Limnaea peregra, Lamarck Anim. s. Vert. VI. 2. p. 161 no. 9; deux. Edit. 8.
p. 412. no. 9.
„ „ Deshayes Enc. méth. Vers. 2. p. 360. no. 13.
Limnaeus pereger, Pfeiffer Syst. Anordn. p. 90. nr. 6. t. 4. f. 23. 24.
„ „ Nilsson Hist. moll. Suec. p. 68. no. 3.
„ „ Rossmässler Iconogr. I. p. 97. f. 54.
„ „ Wagner Suppl. zu Chemnitz Conch. p. 180. t. 235. f. 4130. 31.
„ „ Kikx Syn. Moll. Brab. p. 57. no. 70.
„ „ Philippi Enum. Moll. Sicil. 1. p. 146. no. 3.
„ „ Millet Moll. de Meine et Loire p. 25. no. 4.
„ „ Risso hist. nat. 4. p. 95. no. 219.
„ „ Scholz Schles. Moll. p. 94.
„ „ Boll Moll. Mecklenb. p. 31. no. 4.
„ „ Schmidt Conch. in Krain p. 22.
„ „ M. v. Gallenstein Kärntens Conch. p. 15.
„ „ Betta et Martinati Moll. d. Prov. Venete p. 79. no 116.
„ „ Stabile Conch. Luganese p. 51 no. 60.
„ „ Stein Schnecken und Muscheln Berlins. p. 72.
„ „ Roth Spic. Moll. in Malak. Bl. 2. p. 33. no. 3.
„ „ Martens in Malak. Bl. 3. p. 100. no. 50.
„ „ Philippi Moll. Sicil. 2. p. 120. no. 4.
Limnaea limosa, Malm in Götheb. samh. handl. f. 1853—54. p. 142.
Limnaeus pereger, Wallenberg in Malak. Bl. 3. p. 111. no. 13. t. 1. f. 9.
„ „ Porro Malacol. Comasca, p. 95.
Limnaea peregra, Gredler Tyrols Conchylien. 2. p. 21. no. 133.
Limnaeus frigidus, Charpentier in sched.

Var. A. Testa brevior, solida; apertura late ovata, peristomate intus albo-limbato.

Limnaeus pereger var. labiata, Rossm.
„ · albolimbatus, Küster im IV. Bericht d. nat. Ges. zu Bamberg. p. 78. no. 78 b.

Gehäuse gestreckt–eiförmig, solide, mit engerer oder ziemlich weiter Nabelritze, schwach glänzend oder matt mit seidenartigem Schimmer von der feinen und
dichten Streifung, selten etwas gefurcht, noch seltner undeutlich hammerschlägig,
horngelb, jedoch nach der Beschaffenheit des Wassers bis in rostroth, bräunlich oder
schmutzig graugrünlich abändernd. Das Gewinde immer niedriger als die Mündung,
meist ein Drittheil der ganzen Höhe betragend, kegelförmig, zugespitzt; die Windungen mässig zunehmend, etwas gewölbt, die ersten oft etwas abgerieben oder abgefressen, die Hauptwindung nach unten sackförmig, bauchig aufgetrieben. Mündung
ziemlich gross, länglich eiförmig, oben spitzwinklig, innen glasglänzend und etwas
heller als aussen, meist gelblich, häufig mit callösen Striemen von früheren Mündungsansätzen; Mundsaum gerade, zugeschärft; Spindelrand umgeschlagen, an der Nabel-
stelle lostretend; die Spindelfalte wenig entwickelt, gerade absteigend. Höhe 5—8''',
Breite 3—5'''. (Aus meiner Sammlung.)

Die Varietät (Fig. 5), die einzige der zahlreichen Formen, welche diesen Namen verdient, zeigt ein kürzeres, dadurch bauchigeres Gehäuse, die Mündung ist kür-

zer und breiter, der Mundsaum ist innen mit weisser Lippenschwiele belegt; die Farbe der Oberfläche ist meist etwas dunkler als gewöhnlich.

Obgleich L. pereger der Hauptsache nach seine Hauptkennzeichen ziemlich constant beibehält, zeigt er sich doch innerhalb derselben nicht weniger veränderlich als seine Gattungsverwandten. Das Gewinde ist bald etwas höher und schlanker, bald niedrig; die Hauptwindung oft sehr bauchig, anderen schlanken Formen gegenüber (so bei Fig. 14, welche ich von Charpentier als frigidus erhielt). Die Mündung geht von schmal eiförmig bis zur vollkommenen Eiform über, am meisten bei einer Form der Insel Norderney (Fig. 17 nat. Gr. 18 vergr.); dass die Farbe der Aussenseite nach der Beschaffenheit des Wassers abändert, wurde schon oben erwähnt.

Aufenthalt: in stehenden und fliessenden oft sehr harten Wassern, meist in Berg- und Gebirgsgegenden bis zu 8000′ Meereshöhe, geht nicht selten aus dem Wasser auf Steine, Felsen und Uferbäume, vom nördlichen Europa bis in den äussersten Süden, überhaupt eine der verbreitetsten Schnecken, die auch in Westsibirien und Kaschmir vorkommt und sich vielleicht noch weiter nach Osten erstreckt.

19. Limnaeus fulvus Ziegler.

Taf. 4. Fig. 19 nat. Gr. 20. 21. vergr.

Testa subovata, aperte rimata, solida, dense striata, nitidula, corneo-flava, rufescenti-tincta; spira late conica, acutiuscula; anfractibus 5 convexiusculis, inferioribus superne planatis, ultimo medio vix convexo; apertura angulato-ovata, peristomate acuto, recto, margine columellari corneo, inferne libero, plica columellari subnulla.

Limnaeus fulvus, Ziegler. J. F. Schmidt Conch. in Krain p. 22.

Der vorigen Art nahe stehend, jedoch von anderer Form, besonders der letzten Windung und dadurch gut unterschieden. Das Gehäuse ist weit geritzt, unregelmässig eiförmig, solide, schwach und wegen der feinen Streifung etwas seidenartig glänzend, horngelb, röthlich überlaufen, besonders auf der Rückenseite. Das Gewinde mittelhoch, die ersten Windungen klein, die vorletzte gross, wie die letzte oben abgeflacht, diese in der Mitte flach gewölbt, unten schnell eingezogen. Die Mündung eiförmig, oben stumpfwinklig, gelb; der Mundsaum scharf, geradeaus, der Spindelumschlag röthlich, so weit er frei ist etwas aufgerichtet, so dass die Nabelspalte offen liegt, Spindelfalte kaum entwickelt. Höhe 5‴, Breite 3‴. (Aus meiner Sammlung.)

Aufenthalt: in Krain in Gebirgsquellen.

20. Limnaeus solidus Philippi.

Taf. 3. Fig. 22. nat. Gr, 23. vergr.

Testa rimata, ovata, cornea, solida, dense et subtilissime striata, interdum lineis elevatis transversis cincta; spira obtusa, fere contabulata, anfractibus rotundatis, ultimo versus suturam superne depresso; apertura ovata, superne angustata, margine columellari aurantia, plica obsoleta.

? Limnaeus gibilmanicus, Costa Corr. Zool. p. 168.
„   solidus, Philippi Moll. Sicil. 2. p. 121 no. 5. t. 22. f. 5.

Ebenfalls ein Verwandter des L. pereger, aber noch bestimmter als die vorige Art verschieden durch das niedrige stumpfe Gewinde, abgeflachten Randtheil der letzten Windung, durch den flach gedrückten Oberrand derselben und die ganz andere Bildung der Mundparthie. Das Gehäuse ist offen geritzt, eiförmig, solide, horngrau oder horngelb, mit dichter und feiner Streifung, häufig mit feinen, erhobenen Linien umzogen. Das Gewinde stumpf, die gewölbten Windungen abgesetzt, die letzte oben neben der Naht abgeflacht, dann fast ohne Rundung schräg herabgesenkt. Mündung eiförmig, oben schmal, gelb; der Mundsaum scharf, gerade, der Spindelumschlag orangegelblich, die Spindelfalte kaum ausgebildet. Höhe 5½—6‴, Breite 3½—4‴. (Aus meiner Sammlung, vom Autor mitgetheilt.)

Aufenthalt: in Bächen bei Gibilmanna im nördlichen Sicilien.

21. Limnaeus truncatulus Müller.

Taf. 3. Fig. 24. 26. nat. Gr. 25. 27 vergr.

Testa perforata, ovato-conica, solidula, striata, pallide cornea vel corneo-flava; spira conica, acuta; sutura profunda, anfractibus convexis, ultimo interdum malleato vel lineis elevatis cincto. apertura ovata; peristomate subcontinuo, recto, margine columellari lato, plica obsoleta.

Buccinum truncatulum, Müller Verm. p. 130. no. 385.
Helix truncatula, Gmelin p. 3659. no. 132.
„   „   Dillwyn Catal. 9. p. 967. no. 176.
Bulimus obscurus, Poiret Prodr. p. 35. no. 5.
„   truncatus, Bruguière Dict. no. 20.
Helix fossaria, Montagu Test. Brit. p. 372. t. 16. f. 9.
Stagnicola fossaria, Leach. Moll. p. 143.
Limnaeus minutus, Draparnaud Moll. p. 53. t. 3. f. 5—7.
Limnaea minuta, Lamarck Anim. s. Vert. 2 ed. 8. p. 415. no. 12.
„   „   Wagner Fortsetz. d. Conch. Cab. 12. p. 182. t. 235. f. 4134. 35.
„   „   Nilsson Moll. Suec. p. 72. no. 10.
Limnaeus minutus, Goertner Conch. d. Wetterau p. 18.
„   „   Pfeiffer syst. Anordn. 1. p. 93. t. 4. f. 27.
„   „   Rossmässler Icon. 1. p. 100 f. 57.
Limnaea minuta, Risso Hist. nat. 4. p. 95. no. 221.

Limnaeus minutus, Porro Moll. della Prov. Comasca p. 91. no. 80.
,,   ,,   J. F. Schmidt Conch. in Krain p. 22.
,,   ,,   Meinr. v. Gallenstein Kärntens Conch. p. 16.
,,   ,,   Boll Moll. Mecklenb. p. 31. no. 5.
,,   ,,   Scholtz Schles. Moll. p. 95.
,,   ,,   Betta et Martinati Moll. delle Prov. Venete. p. 78. no. 113.
,,   ,,   Stein Schn. u. Musch. Berlins. p. 68.
,,   ,,   Held Bayerns Moll. p. 13. no. 8.
,,   ,,   Philippi Moll. Sicil. 1 p. 147; 2. p. 121. no. 6.
,,   ,,   Gredler Tyrols Conch. 2. p. 23. no. 134.
,,   ,,   Roth Spied. Moll. p. 33. no. 4.
,,   truncatulus, A. Schmidt Beitr. zur Malak. p. 36. no. 124.
,,   ,,   Martens in Malak. Blätt. 3. p. 99. no. 47.
,,   ,,   Waltenberg in Malak. Blätt. 5. p. 112. no. 14. t. 1. f. 10. 11.
Limnaea truncatula, Malm in Götheb. samh. handl. f. 1855—54. p. 147.

Gehäuse klein, genabelt, ziemlich solide, eiförmig-konisch, etwas durchscheinend, fein gestreift, selten undeutlich hammerschlägig, graugelblich bis hell ockergelblich oder hornbräunlich. Das Gewinde hoch, von $\frac{2}{5}$ bis zur Hälfte der ganzen Höhe, die Windungen stark gewölbt, durch die tiefe Naht fast wendeltreppenförmig abgesetzt; die letzte zuweilen stärker, zuweilen weniger bauchig. Mündung fast eiförmig, innen ockergelblich, oben stumpfwinklig; Mundsaum scharf, gerade; die Spindel zurückgebogen mit undeutlicher Falte, der Umschlag breit, weit herauf lostretend, so das ziemlich weite Nabelloch offen lassend. Höhe 4—6‴, Breite 2—3‴. (Aus meiner Sammlung.)

Thier dunkelgrau mit hellerer Sohle, Fühler kurz und dünn, durchscheinend.

Man kann bei dieser, durch das hohe Gewinde und die tiefe Naht so sehr kenntlichen Art zwei Formen unterscheiden, die sich weniger durch die Grösse allein, wie Rossmässler eine var. major und minor unterscheidet, als vielmehr durch die Gestalt trennen lassen. Bei der einen, mit oft rauhstreifigem, selbst etwas hammerschlägigem Gehäuse ist die Gestalt plumper, die letzte Windung breiter oder bauchiger gewölbt, die Farben entschiedener. Bei der andern (meist kleineren, doch besitze ich davon Exemplare aus Montenegro von 6‴ Höhe) ist das Gehäuse schlanker, die letzte Windung steht den übrigen nicht so entschieden entgegen: die Mündung ist etwas enger, oft weiter herabgezogen, die Farbe meist lichter, doch auch horngrau bis bräunlich.

Aufenthalt: häufig in Gräben, Lachen, Seen, selten bis über 400′ Meereshöhe, in Europa fast überall, von Finnland und Island an bis Spanien, Sardinien, Sicilien und Griechenland.

22. Limnaeus gingivatus Goupil.

Taf 3. Fig. 28. nat. Gr. 29 vergr.

Testa minima, umbilicata, oblongo-ovata, nitida, diaphana, corneo-lutea, striata; spira subconica, sutura profunda, anfractibus quinque convexis, ultimo spiram aequante, apertura ovato-acuta, peristomate intus marginato columellaque roseis.

Limnaeus gingivatus, Goupil Moll. de la Sarthe p.63. no.8. t.1. f.8—10.
            „   Deshayes in Lamarck Anim. s. Vert. 2 ed. 8. p. 418. no. 19.

Die kleinste bekannte Art, dem L. truncatulus nahe stehend. Das Gehäuse ist gestreckt eiförmig, genabelt, scheinbar glatt, jedoch unter der Lupe fein und ziemlich regelmässig gestreift, stark glänzend, horngelbröthlich. Das Gewinde konisch mit stumpflicher Spitze, die Windungen durch die tiefe Naht treppenartig abgesetzt, die leiste so hoch als das Gewinde, mässig gewölbt. Mündung eiförmig, oben stumpf-spitzig, durch die Mündungswand kaum ausgeschnitten, der Mundsaum schön gebogen, innen mit einer Schwielenleiste belegt, weiss oder rosenroth, Spindel ziemlich gerade, mit schwacher Falte, der Umschlag weit herauf abgelöst und rosenroth. Höhe kaum 2''', Breite 1'''. (Aus meiner Sammlung.)

Aufenthalt: bei Mans (Dep. de la Sarthe) in Frankreich von Goupil entdeckt, ich fand sie im Starnberger See im südlichen Bayern.

Bemerkung. Ich bin nicht im Zweifel, Goupils Art wirklich vor mir zu haben, da die Entfernung der beiderseitigen bekannten Fundorte bei der im Allgemeinen so bedeutenden Verbreitung der Limnäen nicht in Betracht kommen kann, und eine so kleine Art leicht bis jetzt übersehen oder für Junge von truncatulus gehalten werden konnte. Dass sie eine selbstständige Art ist, geht aus den Kennzeichen derselben mit Gewissheit hervor. Sie hat 5 Windungen, wie die meisten Limnäen; von truncatulus, mit deren jungen Exemparen sie allein verwechselt werden kann, unterscheidet sie sich durch die Kleinheit, schlankere Gestalt, die Wulst am inneren Mundsaum und die tief rosenrothe Farbe derselben und des Spindelumschlags.

23. Limnaeus fragilis Linné.

Taf. 4. Fig. 1—6.

Testa imperforata, ovato-fusiformis, solida, subtilissime striata, sericina, corneo-fusca; spira conica, consimata; anfractibus 6—7 planiusculis, ultimo saepius malleato vel lineis elevatis cincto; apertura acute-ovata, peristomate recto, acuto, columella, obliqua plica distincta.

    Helix fragilis. Linné Syst. Nat. p. 1249.
       „   Gmelin p.3650. no. 249.
       „   palustris, Gmelin no. 131.
       „   corvus, Gmelin no. 203.
       „   palustris, Montagu Test. Crit. p. 373. t. 16. f. 10.
       „   „   Chemnitz Conch. Cab. 9. t. 135 f. 1239. 40.
    Buccinum palustre, Müller Verm. p. 131. no. 326.

3 *

Bulimus palustris, Poiret Prodr. p. 35 no. 2.
      ,,   ,,   Bruguière no. 12.
Helix fragilis, Dillwyn Cat. 2. p. 963. no. 169.
   ,,   palustris, Dillwyn no. 170.
Stagnicola communis, Leach Moll. p. 142.
Limnaeus palustris, Draparnaud Moll. t. 2. f. 40. 42. t. 3. f. 1. 2.
Limnaea palustris, Lamarck Anim. s. Vert. 2 ed. 8. p. 409 no. 3.
    ,,   ,,   Nilsson Moll. Suec. p. 69. no. 7.
    ,,   ,,   Payraudeau Cat. des Moll. de Corse p. 106. no. 233.
    ,,   ,,   Fleming Brit. An. p. 274. XXIX. 108.
Limnaeus palustris, Pfeiffer Syst. Anordn. 1. p. 88. no. 3. t. 4. f. 20.
    ,,   ,,   Rossmässler Icon. 1. p. 96. f. 51. 52.
    ,,   ,,   Kikx Syn. Moll. Brab. p. 59. no. 72.
    ,,   ,,   Kleberg Syn. Moll. Brab. p. 24 no. 8.
    ,,   ,,   Goupil Moll. de la Sarthe p. 61. no. 6.
    ,,   ,,   Deshayes Enc. méth. Vers. 2. p. 359. no. 12.
    ,,   ,,   Porro Malac. Comasca p. 94. no. 82.
    ,,   ,,   Philippi Enum. Moll. Sicil. 1. p. 146; 2. p. 120 no. 2.
    ,,   ,,   Boll Moll. Mecklenb. p. 31. no. 6.
    ,,   ,,   Stein Schn. und Musch. Berlins. p. 67.
    ,,   ,,   J. F. Schmidt Conch. in Krain p. 22.
    ,,   ,,   Meinr. v. Gallenstein Kärntens Conch. p. 15.
    ,,   ,,   Scholz Schles. Moll. p. 98.
    ,,   ,,   Betta et Martinati Moll. Venete p. 79. no 115.
    ,,   ,,   Dupuy Moll. Franc. t. 22. f. 7.
    ,,   ,,   Held Moll. Bayerns p. 13. no. 9.
    ,,   ,,   Malm in Götheb. samh. handl. f. 1853—54. p. 148.
Limnaea   ,,   Gredler Tyrols Conchylien. 2. p. 24. no. 135.
Limnaeus palustris, Wallenberg in Malak. Blätt. 5. p. 121. no. 22.

Gehäuse ungenabelt, ei-spindelförmig, solide, fein und sehr dicht gestreift, daher seidenglänzend, in der Färbung vielfach abändernd, der Hauptsache nach heller oder dunkler horngrau oder hornbräunlich. Das Gewinde ist kegelförmig, fein zugespitzt, selten höher als die Mündung; die Windungen sind selten gewölbt, oft sehr verflacht, die letzte häufig gitterartig hammerschlägig (Fig. 1) oder mit unregelmässigen erhobenen Querlinien umzogen, bei reinen Exemplaren zeigen sich dichtstehende, vertiefte Spirallinien. Mündung eiförmig, oben zugespitzt, innen purpurbraun, gelblich oder braunröthlich, meist mit einem dunkleren; bei heller Grundfarbe purpurbraunem Striemen. Mundsaum geradeaus, scharf, nie ausgebogen; Spindelsäule mit breitem, weisslichem, dicht anliegendem Umschlag, die Falte deutlich, bogig hervortretend. Höhe 10—20''', Breite 6—9'''. (Aus meiner Sammlung.)

Thier violettgrau oder tiefgrünlich, überall fein gelb punktirt.

Die Veränderlichkeit vorbeschriebener Art ist nicht bedeutend, im Vergleich zu den übrigen gewöhnlicheren Gattungsverwandten, und beschränkt sich auf die allgemeine Form, ob das Gehäuse schlanker (Fig. 2) oder bauchiger (Fig. 3) ist, sowie auf die Farbe. In letzterer Beziehung ist eine kleine französische Form (Fig. 6) erwähnenswerth, deren ganze Oberfläche hell hornröthlich ist; bei vielen Exemplaren zeigen sich helle Striemen als Andeutungen früherer Mündungsansatze (Fig. 4).

Junge Schnecken sind häufig sehr schlank und zeigen eine ganz geringe Entwicklung der Spindelfalte (Fig. 5).

Aufenthalt: vom nördlichen Europa bis weit nach Süden herab, noch in Spanien, Frankreich, Italien, Sicilien, südostwärts bis an das schwarze Meer, wohl auch noch in Westasien verbreitet.

24. Limnaeus fuscus C. Pfeiffer.

Taf. 4. Fig. 7—12.

Testa imperforata, subfusiformis, tenuicula, corneo-fuscenscens vel corneo-rufa, striata; spira elongata, acuminata, anfractibus 6—7 convexis, ultimo säpius reticulato-malleato vel lineis elevatis irregularibus cincto; apertura ovata, superne acuminata; peristomate recto, intus purpureo-cincto, columella obliqua, plica curvata.

Limnaeus fuscus, C. Pfeifer, Uebers. 1. p. 92. t. 4 f. 25.
,,   ,,   Scholtz Schles. Moll. p. 98.
,,   ,,   A. Schmidt Beitr. zur Malak. p. 36 no. 127.

Gehäuse ungenabelt oder nur mit einer sehr engen Nabelritze, gestreckt, etwas konisch spindelförmig, meist ziemlich dünnwandig, sehr fein gestreift und oft mit Reihen von feinen vertieften Strichelchen umzogen, oft aber auch rauhstreifig, selbst fein gestreift, hornbräunlich oder hornröthlich. Das Gewinde lang ausgezogen, meist höher als die Mündung, die Naht vertieft, die gewölbten Windungen daher etwas abgesetzt, die letzte häufig mit unregelmässigen erhöhten Linien umzogen, zuweilen hammerschlägig. Die Mündung eiförmig, oben stumpfspitzig, und durch die Mündungswand merklich modificirt, bräunlich gelb, selten röthlich, innerhalb des Randes des geraden Mundsanms mit einem breiten rothen Band, der Rand selbst häufig weisslich oder reinweiss. Spindelfalte nicht sehr entwickelt, bogig, der Spindelumschlag weisslich, anliegend. Höhe 5—15''', Breite 3—5½'''. (Aus meiner Sammlung.)

Aufenthalt: in kleinen Bächen und Gräben, auch in Pfützen und Wasserbehältern; wo sie vorkommt, gewöhnlich in Menge beisammen.

Bemerkung. Es wird diese Art noch gewöhnlich als Varietät von fragilis betrachtet. Sie unterscheidet sich aber standhaft durch das hohe Gewinde, andere Farbe, die weit kleinere Mündung, weniger entwickelte Spindelfalte, dagegen schnell noch rechts hervortretende Mündungswand und die nicht selten vorkommende, wenn auch enge Nabelritze. Dass sie nicht durch lokale Einflüsse hervorgerufene Form des fragilis ist, zeigt das Nebeneinanderleben beider; ich finde sie hier bei Bamberg in zwei Gräben, die zusammen münden, aber jede Art für sich, fuscus allein, fragilis in Gesellschaft mit stagnalis. Häufig wird fuscus wohl auch mit turriculus Held (silesiacus Scholtz) verwechselt, besonders die kleineren Formen.

25. Limnaeus vulneratus Küster.

Taf. 4. Fig. 13. 14 nat. Gr. 15 vergr.

Testa rimata, ovato-fusiformis, solidula, subtiliter striata, corneo-fuscescens; spira elongata, acuminata; anfractibus 7—8 convexis, ultimo saepius lineis elevatis cincto; apertura angusta ovata, superne truncato-angulata, flavescente; basi fascia abbreviata sanguinea; peristomate recto; plica columellari strictiuscula.

Gehäuse eng aber deutlich geritzt, ei-spindelförmig oder konisch, solide, fein gestreift, etwas seidenartig glänzend, hornbräunlich. Das Gewinde länger als die Mündung, oft sehr ausgezogen, mit feiner braunrother Spitze; die Naht eingeschnürt, die Windungen gewölbt, langsam zunehmend, zuweilen flach (Fig. 14 nat. Gr. 15 vergr.) und nach unten zu breiter; die letzte gerundet, häufig mit den gewöhnlichen erhobenen Linien umzogen, mit Andeutungen von hammerschlägigen Eindrücken. Mündung länglich und schmal eiförmig, innen glasglänzend, bräunlichgelb, unten mit einer nicht weit heraufreichenden oft nur als kurzer Streif aus dem Innern vortretenden blutrothen Binde. Der Mundsaum flach gebogen, gerade, die Mündungswand oben rasch nach rechts hinübertretend, so dass dadurch der obere Theil der Mündung eckig abgesetzt wird; Spindelfalte fast gerade, wenig entwickelt, wie den Umschlag weisslich. Höhe 5—8‴, Breite 2½—3½‴. (Aus meiner Sammlung.)

Aufenthalt: im Cettina-Fluss bei Almissa in Dalmatien.

26. Limnaeus siculus Küster.

Taf. 4. Fig. 16. nat. Gr. 17 vergr.

Testa imperforata, ovato-conica, solida, densissime striatula, sericina, corneo-rufescens; spira mediocri, conica, acuta, anfractibus 6 convexis, ultimo lineolis impressis cincto; apertura ovato-angulata, lutea, basi rufescente, peristomate acuto, recto; margine columellari appresso, albido, plica vix conspicua.

Gehäuse ohne Nabelritze, eiförmig-konisch, solide, sehr dicht und höchst fein gestrichelt, daher seidenglänzend, die Längsstricheln werden von höchst feinen etwas welligen aus vertieften Strichelchen bestehenden Spirallinien gekreuzt, der Grund hornroth. Das Gewinde so hoch oder etwas höher als die Mündung, konisch, fein zugespitzt, die Naht wenig eingezogen, die sechs Windungen schwach gewölbt, die letzte ohne erhöhte Linien. Mündung zugespitzt eiförmig, röthlichgelb, unten mit einer Spur einer rothen Strieme; der Mundsaum gerade, flach gebogen; Spindelumschlag schmal, dicht anliegend, die Falte wenig entwickelt. Höhe 6‴, Breite 3‴. (Aus meiner Sammlung.)

Aufenthalt: im nördlichen Sicilien, von Philippi gesammelt und mitgetheilt.

27. Limnaeus badius Küster.

Taf. 4. Fig. 18 (jung) 19.

Testa imperforata, ovato-conica, solida, striata, lineolis impressis cincta, corneo-rufa vel flavo-grisea; spira conica, acuta, sutura profundiuscula; anfractibus 6 convexis; apertura ovato-acuta, flavo-rufescente, fascia rufa ornata; peristomate acuto, recto, margine columellari albido, appresso, plica obsoleta.

Gehäuse ungeritzt, eiförmig-konisch, solide, gestreift, zwischen den Streifen sehr feine Stricheichen, welche von sehr dichtstehenden vertieften Spirallinien durchkreuzt werden, der Grund hornröthlich oder gelbgraulich. Das Gewinde konisch, mit feiner kastanienbrauner Spitze; die Naht eingetieft; die Windungen gewölbt, die letzte ohne die so häufig vorkommenden erhöhten Streifen, regelmässig gewölbt. Mündung eiförmig, oben stumpfspitzig und durch die Mündungswand etwas ausgeschnitten, gelbröthlich, mit einem breiten rothen Band innerhalb des Mundsaumrandes; Spindelumschlag schmal, weisslich, die Falte wenig entwickelt, fast gerade absteigend. Höhe 7—8''', Breite 4'''. (Aus meiner Sammlung.)

. Aufenthalt: im Narenta-Fluss in Dalmatien von mir gefunden.

28. Limnaeus glaber Müller.

Tafel 4. Fig. 20. 22. nat. Gr. 21. 22. vergr.

Testa imperforata, turrito-elongata vel elongato-conica, flavescens, subtilissime striata, sericina; anfractibus 7 convexiusculis; apertura elliptico-ovata, peristomate albo-labiato.

Buccinum glabrum, Müller Verm. 2. p. 135. no. 328.
Bulimus leucostomus, Poiret Prodr. p. 37 no. 1.
Helix octofracta, Montagu Test. Brit. p. 588 t. 11. f. 8.
„   „   Pennant Zool. Brit. p. 336. t. 89. f. 5.
„ peregrina, Dillwyn Cat. 2. p. 954. no. 151.
Limnaeus elongatus, Draparnaud Moll. p. 53. t. 3. f. 3. 4.
Stagnicola octanfracta, Leach Moll. p. 141.
Limnaea leucostoma, Lamarck Anim. s. Vert. VI. 2. p. 162. no. 11; 2 ed. 8.
                        p. 414. no. 11.
„   „   Alder Cat. Moll. tr. soc. Newc. p. 27. no. 7.
„   „   Michaud Compl. p. 89 no. 9.
„ elongata, Wagner Forsts. de Conch. Cah. XII. p. 181 t. 235. f. 4132. 33.
„   „   Millet Moll. de Meine et Loire p. 27. no. 7.
„   „   Sowerby Gen. of Shells f. 6.
Limneus elongatus, Kleeberg Moll. Bor. p. 24. no. 9.
„   „   Pfeiffer Syst. Anordn. 1. p. 92 no. 7. t. 4. f. 25.
. Limnaea elongata, Nilsson Moll. Suec. p. 71. no. 9.
Limnaeus elongatus, Rossmässler Icon. 1. p. 161 no. 58. f. 58.
„   „   Turton Man. p. 122. no. 106: f. 106.
„   „   Goupil Hist. des Moll. de Sarthe p. 63 no. 7.

Limnaeus elongatus, Boll Moll. v. Mecklenb. p. 32. no. 8.
„ glaber, Stein Schn. u. Musch. Berlins p. 68.
„ „ Drouet Enum. Moll. de France p. 26. no. 224.
„ „ Marteos in Melak. Bl. 3. p. 100. no. 50.

Gehäuse undurchbohrt, mit ganz dicht anliegendem Spindelumschlag, langgestreckt thurmförmig oder gestreckt konisch, fein gestreift, mit feinen vertieften Spirallinien umzogen, blassgelb oder hornröthlich, mit einzelnen weissen Striemen von früheren Mündungsansätzen. Das Gewinde weit höher als die Mündung, mehr oder weniger kegelförmig, zugespitzt; die Naht schwach eingezogen; die Windungen wenig gewölbt oder fast eben, die letzte nicht auffallend vergrössert. Mündung schmal eiförmig, oben zugespitzt, durch die Mündungswand wenig ausgeschnitten, weisslich oder bräunlich gelb, mit einer breiten reinweissen Lippenschwiele innerhalb des Randes des Mundsaums. Mundsaum gerade, scharf, mit dunklerem Rand. Spindel mit weissem Umschlag, die Falte wenig entwickelt. Höhe 5—6''', Breite 1½—2'''. (Aus meiner Sammlung.)

Exemplare aus Hessen (Fig. 22. 23) sind mehr konisch, durch die gewölbtere letzte Windung etwas eiförmig, röthlich horngelb. Dagegen gleichen Exemplare von Mecklenburg den französischen vollkommen.

Aufenthalt: in Schweden, dem nördlichen und westlichen Deutschland, England und Frankreich, in Sümpfen, Gräben und Seen, auch auf feuchten Wiesen, hält sich gern ausserhalb des Wassers auf Pflanzen.

29.   Limnaeus subulatus Dunker.

Taf. 4. Fig. 24.

Testa imperforata, subulato-turrita, solidula, striatula, corneo-rufescens; spira elongata, subulata, acuminata; anfractibus 7 planiusculis; apertura semiovali, fuscescenti-flava, basi sanguinea; peristomate acuto, recto, plica collumellari distincta, obliqua.

Limnaeus subulatus, Dunker in sched.

Gehäuse ungenabelt, langgestreckt, fast ahlenförmig, ziemlich solide, fein und wenig dicht gestreift, heller oder dunkler hornröthlich. Das Gewinde weit höher als die Mündung, konisch, ahlenförmig zugespitzt, die Naht etwas eingezogen, die Windungen allmählig zunehmend, flach, die letzte mehr eiförmig, nicht selten flach gefurcht oder gröber gestreift. Mündung halbeiförmig, etwas erweitert, braungelb, an der Basis die Andeutung eines rothen Bandes, (welches bei todten Exemplaren nach und nach schwindet); der Mundsaum geradeaus, scharf. Spindel mit dichtanliegendem,

dünnem Umschlag, die Falte deutlich, nach hinten gerichtet und unten ziemlich rasch umgebogen. Höhe 9—11''', Breite 3½—4½'''. (Aus meiner Sammlung.)
Aufenthalt: in Mexico bei Zimapan und im See von Mexico.

30. Limnaeus turricula Held.

Taf. 5. Fig. 1. 3. nat. Gr. 2. 4. 5 vergr.

Testa anguste rimata, ovato-turrita, solidula, subtilissime striata, corneo-flava: spira subelongata, conica; acuminata, anfractibus 6 convexiusculis, ultimo interdum lineis elevatiusculis obsoletis cincto; apertura acuminato-ovali, flava, saepius fascia sanguinea ornata; margine collumellari albida, plica obsoleta.

Limnaeus turricula, Held in Isis von Oken 1836 p. 271.
       ,,   ,,   Held Landm. Bayerns p. 13 no. 11.
       ,,   silesiacus, Scholtz Schl. Moll. p. 97. Suppl. p. 12.
       ,,   ,,   A. Schmidt Beitr. z. Malak. p. 36 no. 128.

Gehäuse mit enger Nabelritze, selten ungenabelt, eiförmig gethürmt, ziemlich dünnwandig, fein gestreift, etwas seidenartig glänzend, horngelblich, zuweilen mehr gelbröthlich und mit weissen Striemen von früheren Mündungsabsätzen, die meisten aber nach Beschaffenheit des Wassers mit einem graulichen oder schwärzlichen Ueberzug bekleidet. Gewinde höher als die Mündung, konisch, zugespitzt, die Naht kaum eingezogen; die Windungen kaum oder nur wenig gewölbt, die letzte zuweilen mit unscheinbaren erhöhten Linien umzogen. Mündung verhältnissmässig etwas niedrig, innen gelbröthlich, mit einem blutrothen schwieligen Band oder auch einfarbig, besonders bei helleren jüngeren Individuen, zugespitzt eiförmig, durch die Mündungswand nur wenig ausgeschnitten; Mundsaum gerade, scharf, innen weisslich gerandet. Spindelumschlag ziemlich breit, weisslich, unten etwas lostretend, die Falte unscheinbar. Höhe 6—7''', Breite 2½—3'''. (Aus meiner Sammlung.)

Aufenthalt: in Deutschland hier und da, in Schlesien, Bayern, Ungarn und Siebenbürgen, gewiss weiter verbreitet aber wohl meist mit L. fuscus verwechselt.

Bemerkung. L. turricula, schon lange vor Scholtz von Held unterschieden und beschrieben, ist eine sehr bestimmte, zwischen fuscus und glaber stehende Art, die aber mit letzterer näher verwandt ist. Besonders der nach unten breit bleibende etwas lostretende Spindelumschlag, sowie die seichte Naht, flachere Windungen, die geringe Wölbung der Mündungswand, engere Mündung scheiden sie von fuscus; die Mündungsparthie mit Spindelumschlag, so wie die Form im Allgemeinen zeigen aber doch auch Unterschiede genug, um selbst kleinere Exemplare nicht für glaber halten zu können.

31. Limnaeus sandwicensis Philippi.

Taf. 4. Fig. 25. nat. Gr, 26. vergr.

Testa parva, imperforata, oblongo – ovata; vix striatula, corneo-rufa, nitidiuscula; spira conica, truncata; anfractibus convexiusculis; ultimo maximo; apertura subsemiovali, flavescens; peristomate recto, acuto; margine columellari rufescenti-flava, appressa, plica obsoleta.

Limnaeus sandwicensis, Philippi in Wiegmann's Archiv 1845. II. p. 63.

Gehäuse klein, nicht geritzt, gestreckt eiförmig, kaum gestreift, hornroth, gegen den Mundrand gelblich, schwach glänzend. Das Gewinde konisch, jedoch gewöhnlich bis zur dritt- oder vorletzten Windung fehlend, ausgenagt, die übrigen Windungen schwach gewölbt; durch eine schwach eingezogene Naht verbunden. Mündung fast halbeiförmig, oben zugespitzt, durch die Mündungswand kaum ausgeschnitten, gelblich, glänzend. Mundsaum geradeaus, scharf; Spindelumschlag röthlichgelb, angedrückt; die Spindelfalte nur wenig entwickelt. Höhe 3½‴, Breite 2⅓‴. (Aus meiner Sammlung.)

Aufenthalt: auf den Sandwichinseln. Mitgetheilt von Philippi.

32. Limnaeus membranaceus Porro.

Taf. 5. Fig. 6. 7.

Testa fragilissima, viridi – lutescens, glabra; spira brevi; anfractibus 5, ultimo maximo; apertura ovali – acuta, elongata; peristomate simplici; margine columellari recto, tenui, subalbido, continuo, plica tenuissima; rima umbilicali fere nulla.

Limnaeus membranaceus, Porro Malac. della Prov. Comasca p. 90. no. 79. t. 2. f. 9.

Gehäuse mit sehr enger Nabelritze, ausserordentlich dünn, grünlich – gelbröthlich, glatt, nur in der Mitte mit schwachen Runzelstreifen. Das Gewinde sehr niedrig, die Windungen schwach gewölbt, die letzte sehr überwiegend, unten verschmälert. Mündung lang und schmal eiförmig, oben zugespitzt, durch die Mündungswand ausgeschnitten; Mundsaum geradeaus, scharf. Spindelumschlag mässig breit, weisslich, fast überall anliegend; Falte wenig entwickelt, gerade absteigend. Höhe 9‴, Breite 6‴. (Aus meiner Sammlung.)

Aufenthalt: im Lago d'Alserio der Provinz Como.

Bemerkung. Es ist nicht unwahrscheinlich, dass diese mir nur in einem Stück vorliegende Art nur Varietät, am ersten von L. ovatus, sein möchte, was ich aus Mangel grösseren Vorraths zur Vergleichung nicht zu entscheiden vermag.

33. Limnaeus Vahlii Beck.

Taf 5. Fig. 8. nat. Gr: 9. 10 vergr.

Teste anguste rimata, ovato - conica, tenera, nitidula, subtiliter striata, cornea, saepius albido-lineata, strigis albidis rufo-marginatis ornata; spira conica, truncata, sutura profundiuscula, anfractibus convexis; apertura truncato-ovata, dimidium longitudinis superante vel aequante; margine columellari albido, plica obsoleta.

Lymnophysa Vahlii, Beck
Limnaeus Vahlii, Müller Ind. Moll. Grönl. p. 4. no. 13.

Gehäuse mit enger Ritze, eiförmig–konisch, dünnwandig, schwach glänzend, hornbräunlich, gestreift, öfters mit feinen weisslichen Linien, stellenweise mit weiss-gelben, gewöhnlich braunroth gesäumten Striemen verziert, als Reste früherer Wachs-thumsabsätze. Das Gewinde konisch, gewöhnlich mit abgefressener Spitze, die Naht mässig vertieft; die Windungen gewölbt. Mündung eiförmig, oben durch die Mün-dungswand abgestutzt, länger oder so lang als das Gewinde, Mundsaum gerade, bei ausgewachsenen mit etwas verdicktem bräunlichem Rand; Spindelumschlag etwas breit, dünn, weisslich; die Falte unscheinbar. Höhe 7—9''', Breite 3½—4'''. (Aus meiner Sammlung.)

Aufenthalt: in Grönland.

Bemerkung. Diese und die drei folgenden Arten bilden eine kleine engverbundene Gruppe, welche zwar der Gruppe des L. fuscus nahe steht, aber nicht damit zu verbinden ist. Dass die einzige Art, welche bis jetzt von Island bekannt ist, sich den grönländischen so genau anschliesst, ist jedenfalls eine interessante Thatsache.

34. Limnaeus Pingelii Beck.

Taf. 5. Fig. 11. 12.

Testa anguste rimata, oblongo-ovata, tenera, striata, cornea, strigis paucis albidis vel fuscis ornata; spira conica, anfractibus 6 convexiusculis; apertura acuminato-ovata, dimidio longitudinis breviori; margine columellari albido, plica obsoleta.

Limnophysa Pingelii, Beck.
Limnaeus Pingelii, Müller Ind. Moll. Grönl. p. 5.

Gehäuse eng geritzt, gestreckt eiförmig, dünnwandig, hornbräunlich, mit ein-zelnen weisslichen oder rothbraunen Striemen von früheren Wachsthumsabsätzen, fein gestreift. Das Gewinde hoch, kegelförmig, mit abgefressener Spitze; die Naht etwas vertieft, die Windungen schwach gewölbt, Mündung zugespitzt eiförmig, niedriger als das Gewinde; der Mundsaum gerade, bei ausgewachsenen Stücken braun ge—

4 *

randet. Spindelumschlag weisslich, unten nur wenig abgelöst; die Falte nicht sehr entwickelt, gerade absteigend. Höhe 6½‴, Breite 3½‴. (Aus meiner Sammlung.) Aufenthalt: in Grönland

35. Limnaeus Holböllii Beck.

Taf. 5. Fig. 13. nat. Gr. 14. 15. vergr.

Testa late rimata, ovato-conica, tenuiuscula, nitidula, cornea, striata; spira conica, truncata, sutura profundiori, anfractibus convexis; apertura ovata, dimidio longitudinis breviori, peristomate recto, margine columellari albido, plica obsoleta.

Limnophysa Holböllii, Beck.
Limnaeus Holböllii, Möller Ind. Moll. Grönl. p. 5.

Von dem vorhergehenden durch die weitere Nabelritze, tiefere Naht und gewölbtere Windungen verschieden. Gehäuse weit geritzt, eiförmig konisch, ziemlich dünnwandig, fein gestreift, hornbräunlich, mit einzelnen braunen Streifen von den früheren Wachsthumsabsätzen. Das Gewinde höher als die Mündung, abgefressen, die Naht ziemlich tief; Windungen gewölbt, die letzte bauchig. Mündung zugespitzt eiförmig, oben durch die schräge Mündungswand abgeschnitten; Mundsaum bei ausgewachsenen Stücken braun gerandet; Spindelumschlag weisslich, zur Hälfte lostretend, die Falte undeutlich, gerade absteigend. Höhe 5—6‴, Breite 2½—3‴. (Aus meiner Sammlung.)
Aufenthalt: in Grönland.

36. Limnaeus geisericola Beck.

Taf. 5. Fig. 27. nat. Gr. 28. 29 vergr.

Testa ovata, subrimata, tenera, corneo-lutea, nitidula, striata; spira late conica, acutiuscula; sutura profunda, anfractibus rotundato-convexis, ultimo ventricoso; apertura acuminato-ovata; peristomate recto, acuto; margine columellari flavescente, plica subobsoleta, arcuata.

Limnophysa geisericola, Beck.

Von den drei vorhergehenden durch bauchigere Form, das kürzere Gewinde und die andere Farbe verschieden. Das Gehäuse sehr eng geritzt, eiförmig, dünnwandig, fein gestreift, horngelbröthlich, schwach glänzend. Gewinde ⅔ der Höhe betragend, kegelförmig, mit feiner Spitze, die Windungen stark gewölbt, durch die tiefe Naht fast abgesetzt erscheinend, die letzte bauchig, mit einzelnen braunen Linien als Spuren früherer Wachsthumsabsätze. Mündung zugespitzt eiförmig, oben durch die Mündungswand etwas abgestutzt, gelbröthlich, glänzend, Mundsaum gerade; Spindelumschlag sehr dünn, gelblich, fast durchaus dicht anliegend; die Falte weisslich, etwas gebogen, wenig ausgebildet. Höhe 5''', Breite 3'''. (Aus meiner Sammlung.) Aufenthalt: auf der Insel Island.

37. Limnaeus Lessoni Deshayes.

Taf. 5. Fig. 16. 17.

Testa imperforata, ovato-ventricosa, globulosa, pellucida, substriata, viridula; spira brevi, acuta, anfractibus 5 convexis; apertura magna, ovali; peristomate recto; plica columellari contorta.

Limnaea Lessoni, Deshayes in Guerin Mag. de Conch. 1830. no. 16. t. 16.
,,   ,,   Deshayes Enc. méth. Vers. p. 358. no. 7.
,,   ,;   Lesson Voyag. de la Coq. p. 330. no. 76.
,,   ,,   Lesson Cent. Zool. p. 120. no. 44.
,,   ,,   Deshayes in Lamarck Anim. s. Vert. 2 ed. 8. p. 417. no. 14.

Gehäuse ungeritzt, bauchig-eiförmig, fast kugelig, dünnwandig und durchscheinend, fein gestreift, zuweilen mit stärker ausgeprägten schrägen Streifen, grünlichweiss. Gewinde sehr niedrig, die Windungen klein, die letzte fast das ganze Gehäuse bildend, rundlich, selten etwas mehr eiförmig. Mündung sehr gross, zugespitzt eiförmig, durch die stark gewölbte Mündungswand weit hinein bogig ausgeschnitten, glänzend; Mundsaum geradeaus, fast halbkreisförmig gebogen; Spindelumschlag dünn, aufliegend, gelbröthlich, die Falte oben schnell einwärts gedreht, übrigens fast gerade. Höhe 12''', Breite 9'''. (Aus meiner Sammlung..)
Aufenthalt: in Neuholland.

38. Limnaeus succineus Deshayes.

Tafel 5. Fig. 18. 19.

Testa imperforata, ovato-acuta, tenuis, nitida, subliliter striata, succinea; spira mediocri, acuta, anfractibus convexiusculis, ultimo maximo; apertura ovato-acuta, basi dilatata, peristomate acuto, tenuissimo, margine columellari pallido, plica rectiuscula.

Limnaea succinea, Deshayes Voy. dans l'Ind. par Belanger Zool. p. 418. t. 2. t. 13. 14.
,,   ,,   Deshayes in Lamarck Anim. s. Vert. 2 ed. 8. p. 417 no. 15.

Gehäuse undurchbohrt, zugespitzt eiförmig, dünnwandig und durchscheinend, fein gestreift, glänzend, heller oder dunkler bernsteingelb, meist mit einem dünnen röthlichen Schlammüberzug bedeckt. Das Gewinde ist mässig hoch, konisch, zugespitzt; die Windungen gewölbt, die letzte gross, etwas bauchig. Mündung zugespitzt eiförmig, unten ziemlich erweitert, oben durch die Mündungswand verengt; Mundsaum sehr dünn, zugeschärft, geradeaus; Spindelumschlag breit, weisslich, die Falte leicht gebogen, dann schnell nach innen geschwungen. Höhe 7''', Breite 4½'''. (Aus meiner Sammlung.)

Aufenthalt: in Ostindien in Bächen.

39. Limnaeus auricula Küster.

Taf. 20. nat. Gr. 21. 22. vergr.

Testa imperforata, ovato-conica, solidula, subtiliter striata, corneo-fuscescens; spira dimidio altitudinis subaequante, conica; anfractibus 5 convexis; apertura acuminato-ovata; peristomate recto, acuto, margine columellari pallido, plica magna, contorta.

In der Form und durch die vorstehende geschwungene Spindelfalte den kleinen Auriculaceen ähnlich, nicht geritzt, eiförmig konisch, etwas solide, fein gestreift, hornbräunlich. Das Gewinde fast die halbe Höhe betragend, konisch, zugespitzt, die beiden ersten Windungen sehr klein, die folgenden rasch zunehmend, die letzte bauchig eiförmig. Mündung fast halbeiförmig, oben spitzwinklig, durch die schwach gewölbte Mündungswand ausgeschnitten; der Mundsaum geradeaus, zugeschärft; Spindel mit weisslichem Umschlag, die Falte stark geschwungen, sehr ausgebildet, nach unten etwas zurückgebogen, röthlich. Höhe 5''', Breite 3'''. (Aus meiner Sammlung.)

Aufenthalt: in Ostindien.

40. Limnaeus rubiginosus Michelin.

Taf. 5. Fig. 23. 24.

Testa imperforata, ovato-elongata, subelliptica, tenuis, hyalina, minute striata, luteo-squalida; spira brevi, acuta, anfractibus supremis lente accrescentibus; apertura magna, elongata, peristomate recto, columella albida, retrorsa.

Limnaeus rubiginosus. Michelin in Mag. de Conch. 1830. no. 22. t. 22.

Gehäuse ungeritzt, sehr langgestreckt eiförmig, fast elliptisch, dünnwandig, durchscheinend, fein aber ziemlich regelmässig gestreift, rothgelblich, mit rostfarbener Epidermis bekleidet. Das Gewinde sehr klein, die fünf Windungen schwach gewölbt, die ersten langsam zunehmend, die letzte fast das ganze Gehäuse bildend. Mündung sehr gross, lang eiförmig, oben spitzwinklig, durch die Mündungswand kaum ausgeschnitten, innen glasglänzend; der Mundsaum geradeaus, zugeschärft; Spindel mit weisslichem Umschlag, nach unten zurückgebogen, die Falte kaum angedeutet. Höhe 9''', Breite 5'''. (Aus meiner Sammlung.)

Aufenthalt: in Ostindien, mit den vorigen ohne nähere Angabe des Fundortes erhalten.

41. Limnaeus oliva Küster.

Taf. 5. Fig. 25. 26.

Testa imperforata, elongato-ovata, subventricosa, tenuis, hyalina, subtiliter striata, pallida; spira brevissima, acuminata; anfractibus 5 convexiusculis, ultimo maximo; apertura elongato-subovata, angulata; peristomate recto, acuto, margine collumellari tenuissimo, albido, plica vix arcuata.

Gehäuse nicht geritzt, gestreckt eiförmig, in der Mitte etwas bauchig, sehr dünnwandig, durchscheinend, glänzend, fein gestreift, blass horngelblich. Das Gewinde sehr niedrig, zugespitzt, die drei ersten Windungen langsam zunehmend, die letzte fast das ganze Gehäuse bildend. Mündung lang und etwas schmal, unregelmässig eiförmig, oben spitzwinklig und durch die Mündungswand wenig ausgeschnitten, glasglänzend, röthlichgelb; Mundsaum geradeaus, sehr dünn, scharf. Spindelumschlag breit, sehr dünn und fast nur durch die weissliche Farbe erkennbar, unten geschwungen, die Falte sehr wenig entwickelt, leicht gebogen. Höhe 8''', Breite fast 5'''. (Aus meiner Sammlung.)

Aufenthalt: in Bengalen.

Bemerkung. Steht jedenfalls der vorigen Art sehr nahe, ist aber durch die bauchigere Form, schmale Mündung, ganz anders gebildeten Spindelumschlag und die Farben verschieden.

42. Limnaeus natalensis Krauss.

Taf. 6. Fig. 1. 2. jung Fig. 3.

Testa imperforata, ovata, tenuis, pellucida, nitidula, subtilissime striata, flavido-cornea; spira brevi, acuta; anfractibus 5 convexis, ultimo maximo, ventricoso, ⁴/₅ altitudinis aequante; apertura acuminato-ovata; peristomate recto, arcuato; columella contorta, margine basi appresso, plica obsoleta.

Limnaeus natalensis, Krauss südafr. Moll. p. 85. t. 5. f. 15.

Gehäuse nicht geritzt, eiförmig, dünnwandig und durchscheinend, schwach glänzend, fein getreift; und mit ziemlich regelmässigen wenig deutlichen Längsfurchen, horngelb, öfters von einem Schmutzüberzug schwärzlich oder röthlich. Das Gewinde niedrig, kegelförmig, spitzig, bald schmäler, bald etwas breiter, im ersteren Fall die Windungen gewölbt. Mündung zugespitzt eiförmig, oben durch die Mündungswand ausgeschnitten; der Mundsaum geradeaus, scharf, der Rand von der Seite gesehen geschweift. Spindelumschlag angewachsen, weisslich, die Falte wenig entwickelt. Höhe 7—8''', Breite 5'''. (Aus meiner Sammlung.)

Die junge Schnecke zeigt eine von der nächsten Art ganz verschiedene Bildung, und ist zur Vergleichung mit dieser abgebildet, um darzuthun, dass umlaasiana eine selbstständige Art und nicht die Junge von natalensis ist.

Aufenthalt: in Südafrika, in Sümpfen der Natalküste.

43. Limnaeus umlaasianus Küster.

Tafel 6. Fig. 4. nat. Gr. 5. vergr.

Teste parva, perforato-rimata, conico-ovata, tenuis, pellucida, subtilissime striata, pallide cornea; spira conica, $^1/_2$ altitudinis aequante, sutura profunda, anfractibus sex convexinsculis, ultimo subventricoso; apertura acuminato-ovata, peristomate recto, margine columellari basi soluto, plica subnulla.

Auf dem ersten Anblick einer kleinen Paludina nicht unähnlich, durch die oben abgeflachten Windungen, die niedere Mündung und die fehlende Spindelfalte sehr ausgezeichnet. Das Gehäuse ist kurz und durchgehend geritzt, konisch-eiförmig, dünn und durchscheinend, fein gestreift, blass horngelblich. Das Gewinde halb so hoch als das ganze Gehäuse, konisch, die Windungen oben etwas abgeflacht, übrigens wenig gewölbt, mässig zunehmend, die letzte etwas bauchig, unten rasch verschmälert. Mündung eiförmig, oben spitzwinklig und durch die gewölbte Mündungswand ausgeschnitten, unten verschmälert; der Mundsaum geradeaus; Spindelumschlag oben dicht anliegend, wenig deutlich, weisslich, unten lostretend, der Spindelrand flach bogig, fast ohne Spur einer Falte. Höhe 3‴, Breite kaum 2‴. (Aus meiner Sammlung.)

Aufenthalt: im Umlaasfluss in Südafrika.

44. Limnaeus cubensis Pfeiffer.

Taf. 6. Fig. 6. 7. nat. Gr. 8 vergr.

Testa subperforata-rimata, ovata-conica; subtiliter striata, cinereo-fulvescens, spira late conica; anfractibus 5 convexinsculis, ultimo subventricoso: apertura acuminato-ovata, fulva; peristomate acuto, recto; margine columellari basi soluto, plica subnulla.

Limnaeus cubensis, Pfeiffer in Wiegmanns Archiv 1839. 1. p. 354. no. 46.

Gehäuse tief, geritzt, eiförmig-konisch, dünnwandig, fein gestreift, mit stärkeren Streifen dazwischen, graulich gelbröthlich. Das Gewinde ziemlich hoch, breit kegelförmig, die Windungen schwach gewölbt, die letzte etwas bauchig, unten stark verschmälert. Mündung zugespitzt eiförmig, oben durch die Mündungswand abgestutzt, gelbröthlich, glänzend. Mundsaum geradeaus, dünn. Spindelumschlag oben angewachsen, sehr dünn und kaum unterschieden, die untere Hälfte lostretend, weisslich, der Spindelrand sanft gebogen, fast ohne Spur einer Falte. Höhe 5‴, Breite 3‴ (Aus meiner Sammlung.)

Aufenthalt: auf der Insel Cuba.

45. Limnaeus papyraceus Spix.

Taf. 6. Fig. 9. 10.

Testa ovato-oblonga, tenuissima, pellucida, nitidula, subtilissime striata, fusco-lutescens; spira elongata, conica, apice obtusa, sutura crenulata; anfractibus planis; apertura semiovali, margine sinistro subreflexo, roseo.

Limoaea papyracea, Spix Test. Bras. p. 17. t. 10. f. 5.
„   „   Deshayes in Lamarck An. s. Vert. 2 ed. 8. p. 416. no. 13.

Gehäuse etwas eiförmig, langgestreckt, sehr dünnwandig, durchscheinend, schwach glänzend, fein und fast regelmässig gestreift, die Streifen am Oberrand der Windungen fein kerbenartig eingetieft; der Grund bräunlichgelbroth. Das Gewinde länger als die Mündung, kegelförmig, mit stumpfer Spitze; die 7 Windungen fast eben, nur an der Naht etwas eingezogen, der Oberrand etwas verdickt, die Zwischenräume der Kerbstreifen weisslich, so dass der Rand wie weisslich gesäumt erscheint. Mündung länglich, halbeiförmig, etwas heller als die Aussenseite gefärbt, der Mundsaum scharfrandig, gerade; Spindel concav, mit rosenröthlichem dünnem Rand. Höhe 14‴, Breite 5½‴. (Sammlung von Dr. von dem Busch.)
Aufenthalt: in Brasilien in Flüssen.

46. Limnaeus striatus Benson.

Tafel 6. Fig. 11. 12.

Testa cylindraceo-ovata, tenuissima, pellucida, opaca, sulcato-striata, cinerascenti-cornea; spira parva, conica, acuminata, aufractibus convexiusculis, ultimo maximo; apertura elongata, superne acute angulata, columella medio trigono-concava, plica columellari subperpendiculari.

Limnaeus striatus. Benson Annals and Mag.

Gehäuse walzig-eiförmig, sehr dünn und durchscheinend, aussen glanzlos, innen glasglänzend, graugelbbräunlich, fein gestreift, der Rücken der letzten Windung fast regelmässig furchenstreifig. Das Gewinde sehr klein, als schmaler zugespitzter Kegel emporsteigend; die Windungen nach unten rasch zunehmend, schwach gewölbt, die Spitze braun; letzte Windung nach unten kaum verschmälert, so dass die Wölbung linkerseits fast bis zur Basis herabreicht. Mündung lang, unregelmässig halbeiförmig, Spindelsäule mit einem winkligen Ausschnitt in der Mitte, der Umschlag sehr dünn, ziemlich breit, die Spindelfalte dünn, fast senkrecht absteigend, unten leicht bogig, weiss. Höhe 15‴, Breite 8‴. (Sammlung von Dr. von dem Busch.)
Aufenthalt: in Ostindien.

47. Limnaeus magaspida Ziegler.

Taf. 6. Fig. 13.

Testa volvaeformi-subovata, utrinque attenuata, tenera, subvitrea, subtilissime striata, fuscescenti-lutes; spira conica, acuminata, anfractibus convexis, penultimis rapide accrescentibus, ultimo superne oblique planato; apertura oblonga, superne acute angulata, peristomate recto, acuto, columella medio sinuata, plica arcuata, flavo-rosea.

Limnaeus megaspida, Ziegler in litt.

Durch die eigenthümliche Form des letzten Umganges sehr ausgezeichnet und kenntlich. Das Gehäuse ist eiförmig, durch den senkrecht abfallenden Mitteltheil der letzten Windung walzig, glasartig glänzend, sehr fein gestreift, bräunlich gelbröthlich. Das Gewinde höher als die halbe Mündung, abgesetzt kegelförmig, zugespitzt, die ersten Windungen klein, die vorletzten rasch zunehmend, stark gewölbt, die letzte unten plötzlich verschmälert, oben schräg dachförmig abgeflacht. Mündung lang, unregelmässig halbeiförmig, oben mit spitziger Ecke, innen bräunlichgelb, unten neben der Spindel eine schwache röthliche Schwiele; Mundsaum geradeaus, scharf. Spindel in der Mitte eingebogen, mit dünnem, weislichem, breitem Umschlag, die Falte fein, sanft gebogen, gelblich rosenroth. Höhe 9½‴, Breite 5‴. (Von Dr. von dem Busch unter obigem Namen erhalten.)

Aufenthalt: soll aus Brasilien sein, ist aber wohl eine ostindische Art.

48. Limnaeus petinoides Benson.

Taf. 6. Fig. 14.

Testa subventricoso-ovata, tenera, vitrea, striatula, lineis subtilissimis impressis cincta, albido-fuscula; spira conica, acuta, anfractibus convexis, ultimo ventricoso; apertura subsemiovali, superne acute angulata; plica columellari obliqua, vix arcuata.

Limnaeus petinoides, Benson teste von dem Busch.

Gehäuse etwas bauchig eiförmig, dünnwandig, stark durchscheinend, glasglänzend, fein gestreift, mit sehr feinen vertieften Linien umzogen, weisslich horngelb. Das mittelhohe kegelförmige Gewinde aus breiter Basis aufsteigend, zugespitzt, die Windungen gewölbt, die letzte etwas bauchig, jedoch die Wölbung auf der Mitte fast verflacht, der Oberrand nicht für sich abgeflacht. Mündung unregelmässig halbeiförmig, oben mit einer spitzigen Ecke, in der Mitte kaum weiter als unten. Spindelsäule fast fehlend, unten in eine schmale kaum gebogene, wenig abgesetzte Falte verlaufend; der Umschlag breit, sehr dünn, am Rande gelblich. Höhe 9‴, Breite 6‴ (Sammlung von Dr. von dem Busch.)

Aufenthalt: in Ostindien.

49. Limnaeus amygdalum Troschel.

Ta.. 6. Fig. 15. 16.

Testa acute ovata, tenuissima, nitida, subtilissime striata, cornea; spira anguste conica, acuminata, apice fusca, sutura albida, subcrenulata; anfractibus convexis, ultimo oblique ovali, inferne minus angustata; apertura angulato-ovali, plica columellari arcuata.

Limnaeus amygdalum, Troschel.

Dem Limn. striatus sehr ähnlich, verschieden durch breiteres Gewinde, die weisse fein gekerbte Naht und die linkerseits nicht so weit herabreichende Wölbung des Gehäuses, auch die Spindelfalte ist mehr gebogen und stärker. Das Gehäuse ist zugespitzt eiförmig, sehr dünnwandig, etwas glänzend, fein gestreift, hornröthlich. Das Gewinde niedrig, klein im Verhältniss zur letzten Windung, kegelförmig, mit feiner brauner Spitze; die Windungen gewölbt, etwas rasch zunehmend, mit weisslicher fein gekerbter Naht und stärkeren von derselben auslaufenden Streifen; die letzte Windung sehr gross, schief eiförmig, unten verschmälert. Mündung gross, zugespitzt eiförmig, gelblich, glasglänzend; Spindel mit dünnem, etwas weisslichem Umschlag, die Falte bogig steil absteigend, weisslich. Höhe 11''', Breite 6'''. (Sammlung von Dr. von dem Busch.)

Aufenthalt: in Ostindien.

50. Limnaeus singaporinus Küster.

Taf. 6. Fig. 17.

Testa ovato-acuminata, tenuiuscula, subpellucida, pallide fulva, apice fusca, subtilissime striata; spira conica, acuta; anfractibus minus convexis, ultimo inferne attenuato; apertura subsemiovali, superne acute angulata, columella obliqua, lutea, plica columellari-angusta, arcuata.

Durch die nach oben kegelförmig zulaufende Gestalt, die nach unten stärkere Wölbung von den übrigen vorbeschriebenen Verwandten aus Ostindien gut verschieden, ebenso durch den gelbröthlichen Spindelumschlag sehr kenntlich. Das Gehäuse ist eiförmig konisch, dünnwandig und ziemlich durchscheinend, fein gestreift, blass gelbröthlich, die Spitze braun. Gewinde mittelhoch, konisch, zugespitzt; die Windungen kaum abgesetzt, ziemlich regelmässig zunehmend, wenig gewölbt; die letzte nach unten etwas bauchig, nach oben flach gewölbt, unten verschmälert. Mündung unregelmässig eiförmig, oben mit spitziger Ecke, röthlich, der Rand etwas gesättigter gefärbt. Spindel mit dünnem gelbröthlichem Umschlag, die Falte dünn, bogig heraustretend und nach unten leicht gebogen. Höhe 8''', Breite 5'''. (Sammlung von Dr. von dem Busch.)

Aufenthalt: in Ostindien bei Singapore.

5 *

51. Limnaeus acuminatus Lamark.

Taf. 6. Fig. 18.

Testa oblonga, subovata, tenuissima, subtilissime striata et obsolete sulcata, pallide cornea; spira brevissima, acuminata, ferruginea, anfractibus convexis, ultimo superne linea impressa cingulata; apertura oblonga, superne acute angulata, plica columellari longiore, arcuatula.

Limnaea acuminata, Lamark Anim. s. Vert. 2 ed. 8. p.411. no.6.

Von den nächsten Verwandten, **L. striatus** und **amygdalum**, durch das sehr kleine Gewinde, die nach unten nicht fortgesetzte Wölbung der linken Seite, besonders aber durch die lange leicht gebogene Spindelfalte verschieden. Das Gehäuse ist langgestreckt, etwas eiförmig, sehr dünnwandig, durchscheinend, fein gestreift, mit schwachen Furchen auf dem Rücken, blass hornfarben. Gewinde sehr klein, konisch, zugespitzt; die Windungen gewölbt, die ersten sehr klein, die vorletzte rasch zunehmend, die letzte verhältnissmässig sehr gross, nach unten etwas verschmälert, oben neben dem Rand zieht sich eine feine vertiefte Linie herum, die nach oben zu bald verlischt. Mündung sehr gross, unregelmässig lang eiförmig, von der Mündungswand wenig ausgeschnitten, oben mit spitziger Ecke; die Spindelfalte fein, sehr lang, der ganzen Länge nach sanft gebogen. Höhe 12''', Breite 6'''. (Sammlung von Dr. von dem Busch.)

Aufenthalt: in Ostindien.

40. Limnaeus rubiginosus var.

Taf. 6. Fig. 19.

Ich kann die hier abgebildete, von Herrn Dr. v. d. Busch mitgetheilte Schnecke, nur für eine Varietät des früher beschriebenen und abgebildeten (Tafel 5, Fig. 23. 24) L. rubiginosus halten, mit dem sie ausser der Farbe vollkommen übereinstimmt. Von den vorbeschriebenen Verwandten unterscheidet unsre Art nicht allein das mehr regelmässig gebildete Gehäuse, der Glanz und die Farbe, sondern auch der schlanke Bau, sowie die linkerseits regelmässig nach unten bald abnehmende Wölbung.

52. Limnaeus megasoma Say.

Tafel 6. Fig. 20. 21.

Testa inflato-ovata, solidiuscula, nitida, striata et sulcata, interdum malleata, cornea, flavo- vel virescenti-fasciata et strigata; spira acuta, conica; sutura impressa; anfractibus convexis, ultimo ventricoso, superne subplanulato, apertura rufa, columella alba, plica arcuata.

Limneus megasomus, Say in! Longs Exped. to the source of St. Peters river 2.
p. 263, t. 15, f. 15.
Limnaea megasoma, Haldemann Mon. Limn. of N. Am. p. 13, t. 3, f. 1—3.
„ „ Jay Cat. 1850. p. 270, no. 6314.

Gross, bauchig eiförmig, solide, etwas glänzend, fein gestreift und ziemlich
regelmässig gefurcht, öfters fein hammerschlägig, die erhobenen Zwischenräume der
Furchen dabei mehr oder weniger durch Quererhöhungen verbunden oder durch solche
an der linken Seite wie gezackt. Die Farbe ist sehr veränderlich, hornbräunlich, mit
blass orangengelben, die neuen Ansätze bezeichnenden Striemen und Bändern, theilweise der Grund auch grünlich oder violett überlaufen; die Spitze rothbraun. Das
Gewinde niedriger als die Mündung, abgesetst kegelförmig, spitzig; die Naht eingedrückt, die Windungen gewölbt, rasch zunehmend, die letzte bauchig, unten verschmälert. Mündung gross, innen braunroth mit dunkleren Striemen; der Mundsaum
geradeaus, scharf; Spindel mit weissem Umschlag, die Falte dünn, bogig hervortretend. Höhe 19‴, Breite 11‴. (Sammlungen von Dr. von dem Busch und Lischke.)
Aufenthalt: im Nordwesten der vereinigten Staaten von Nord-Amerika.

53. Limnaeus bulla Benson.

Taf. 7. Fig. 1. 2.

Testa angustissime perforata, globoso-ovata, tenera, nitida, subtilissime striata, cornea; spira
brevi, conica, acuminata; anfractibus convexiusculis, ultimo maximo, dilatato; apertura ampla, luteo-
cornea, peristomate recto, acuto, columella alba, plica vix arcuata.

Limnaeus bulla, Benson Ann. and Mag.

Gehäuse mit tiefer aber sehr enger Nabelritze, fast kugelig eiförmig, dünnwandig, durchscheinend, glänzend, fein gestreift, mit unregelmässigen Erhöhungen
von den neuen Ansätzen, gelblich hornfarben. Das Gewinde niedrig, kegelförmig
zugespitzt, dunkler als die übrige Fläche; Windungen rasch zunehmend, die mittleren
schwach, die vorletzte fast gar nicht gewölbt, die letzte sehr gross, bauchig verbreitert, unten verschmälert, der Obertheil gegen den Mundrand hin etwas abgeflacht.
Mündung weit, horngelbröthlich, fein furchenstreifig uneben, oben von der Mündungswand nur wenig ausgeschnitten, mit etwas spitziger Ecke; der Mundsaum geradeaus,
schärflich; Spindelsäule mit bogigem, weissem, dünnem Umschlag, die Falte fast senkrecht herabsteigend, dann nach hinten gerichtet und kaum gebogen. Höhe 10‴,
Breite 7½‴. (Sammlung von Dr. von dem Busch.)
Aufenthalt: in Ostindien.

54. Limnaeus rugosus Valenciennes.

Taf. 7. Fig. 3. 4.

Testa ovato-conica, tenui, alba, taenia fulva obsoleta ornata; anfractibus rugis plurimis exarata. Val.

Limnaea rugosa, Valenciennes in Rec. d'Obs. de Zool. par Humboldt et Bonpland 2. p. 250. t. 56. f. 5 a.b.
„ „ Haldeman Mon. Limn. of N. Amer. p. 15. t. 3. f. 4. 5.

Gehäuse sehr eng genabelt, eiförmig konisch, dünnwandig, durchscheinend, weisslich, mit einer schwachen gelbbraunen Binde über die Mitte der letzten Windung, fein gestreift und ziemlich regelmässig furchenstreifig. Das Gewinde konisch, die sechs Windungen schwach gewölbt, die letzte unten stark verschmälert (das Exemplar war wahrscheinlich nicht ausgewachsen). Mündung unregelmässig halbeiförmig, oben durch die Mündungswand ausgeschnitten, mit spitziger Ecke; Spindel concav, mit undeutlicher Falte und schwachem Umschlag. Höhe 14‴, Breite 8‴. (Figur und Beschreibung nach Valenciennes.)

Aufenthalt: in Mexio.

55. Limnaeus Nuttallianus Lea.

Taf. 7. Fig. 5.

Testa ovato-oblonga, solida, subtilissime striata, saepius malleata, corneo-flavescens, pallide fasciata; spira elongata, conica, acuminata, apertura ovata, albida, fascia sanguinea inframarginali ornata; columella alba, plica obsoleta.

Limnaea fragilis', Haldemann Monogr. Limn. of N. Am. t. 15. f. 1.
„ Nuttalliana, Lea in Trans. Am. Phil. Soc. 9. p. 9.
„ „ Jay Cat. 1850. p. 270. no. 6316.

Gehäuse ungeritzt, lang eiförmig, solide, fein gestreift, öfters hammerschlägig oder mit gitterförmigen Eindrücken, horngelblich, an den Wachsthumsabsätzen gewöhnlich hellere undeutliche Bänder oder Striemen. Das Gewinde fast höher als die Mündung, konisch, zugespitzt, mit eingezogener Naht; die Windungen mässig zunehmend, gewölbt; die letzte länglich, unten wenig verschmälert. Mündung unregelmässig eiförmig, oben wenig ausgeschnitten, mit spitziger Ecke, horngelb, innerhalb des weisslichen Randes eine bräunlich-purpurrothe Binde; der Mundsaum oben gerade, die Unterhälfte etwas ausgebogen. Spindel mit weisslichem Umschlag, die Falte wenig deutlich, steil und wenig gebogen absteigend. Höhe 14‴, Breite 6½‴. (Aus meiner Sammlung.)

Aufenthalt: in Nordamerika im Oregon.

Bemerkung. Vorstehende Art ist jedenfalls der nordamerikanische Repräsentant für unserem fragilis. So nahe sich aber beide Arten stehen, sind doch die Unterschiede gewichtig genug, um Nuttallianus als selbststädige Art betrachten zu können.

56. Limnaeus expansus Haldeman.

Taf. 7. Fig. 6. 7.

Testa rimata, inflato-conica, tenuis, diaphana, subtilissime striata, fuscescenti-ochracea; spira conica, acuminata, anfractibus convexis, rapide accrescentibus, ultimo inflato; apertura lata, labro repando columello alba, plica profunda, arcuata.

Limnaea expansa, Haldeman Monogr. of the Limn. of N. Amer. Limnaea p. 29.
t. 9. f. 6—8.
,,　　　　,,　　　Jay Cat. 1850 p. 269. no. 6286.

Gehäuse eng geritzt, oberwärts konisch, unten aufgetrieben, dünn und durchscheinend, schwach glänzend, sehr fein gestreift, mit einigen stärkeren Wachsthumstreifen hier und da, bräunlich ockergelb. Das Gewinde von der Höhe der Mündung, abgesetzt kegelförmig, spitzig; die Windungen gewölbt, rasch zunehmend, die letzte etwas bauchig aufgetrieben, unten wenig verschmälert, gerundet. Mündung breit, weisslich oder bräunlich gelb, selten einfarbig, gewöhnlich mit einem blutrothen Basilerstreifen, der sich neben dem Mundsaum oft ziemlich weit hinaufzieht; letzterer geradeaus, scharf, Spindel mit breitem weissem Umschlag, die Falte geschwungen, aussen rückgebogen. Höhe 8''', Breite 4½'''. (Aus meiner Sammlung.)

Aufenthalt: Vermont in Nordamerika.

57. Limnaeus attenuatus Say.

Taf. 7. Fig. 8.

Testa elongata, conoidea, tenuissima, fragilis, diaphana, subtilissime striata, brunnea; spira elongato-conica, acuta, sutura impressa; anfractibus 7 planulatis; apertura subsemicirculari, peristomate recto, acuto, plica columellari impressa.

Limneus attenuatus, Say Disseminator p. 244.
Limnaea attenuata, Haldeman Limn. of N. Am. p. 28. t. 9. f. 1—5.
,,　　　　,,　　　Jay Cat. 1850 p. 268. no. 6261.

Gehäuse eng geritzt, langgestreckt, fast kegelförmig, sehr dünn und zerbrechlich, durchscheinend, fein gestreift, hornröthlich, gegen die braune Spitze öfters gelblich. Das Gewinde lang ausgezogen, weit höher als die Mündung, konisch, zugespitzt; die Naht etwas eingezogen; die Windungen fast flach, mässig zunehmend, die letzte bauchig, unten verschmälert. Mündung fast halbkreisförmig oder eiförmig, durch die Mündungswand wenig ausgeschnitten; der Mundsaum geradeaus, scharf, unten ausgebogen; Spindel mit dünnem weisslichem Umschlag, die Falte bogig heraustretend, nach unten etwas zurücktretend. Höhe 10—12''', Breite 3—3½'''. (Aus meiner Sammlung.)

Aufenthalt: in Mexico.

Bemerkung. Jedenfalls steht L. attenuatus dem L. subulatus sehr nahe, er unterscheidet sich nur durch das dünne Gehäuse, bauchigere letzte Windung und die weitere Mündung.

58. Limnaeus exilis Lea.

Taf. 7. Fig. 9.

Testa anguste rimata, elongata, subconica, tenera, diaphana, striata, interdum lineis elevatis circumdata; fuscescenti-ochracea; spira elata, acuminata; sutura impressa, anfractibus 7 convexiusculis, ultimo basi attenuato; apertura angusta, superne angulata, peristomate reflexiusculo, intus callo sanguineo marginato, plica columellari obsoleta, strictiuscula.

Limnaea exilis, Lea in Trans. Am. Phil. Soc. 5 t. 19. f. 82.
„ reflexa, Jay Cat. 1850 p. 269.

Gehäuse eng geritzt, gestreckt, konisch, dünnwandig und durchscheinend, gestreift, nicht selten mit erhöhten unregelmässigen Linien umzogen, fast glanzlos, bräunlich ockergelb, meist mit einer schwärzlichen Schmutzdecke überkleidet. Das Gewinde mindestens von der Höhe der Mündung, kegelförmig, durch die eingezogene Naht etwas abgesetzt erscheinend, zugespitzt; die Windungen wenig gewölbt, rasch zunehmend, die letzte länglich, wenig gewölbt, unten stark verschmälert. Mündung länglich, unregelmässig halbeiförmig, durch die Mündungswand wenig ausgeschnitten, oben mit spitziger Ecke, röthlich blassgelb, gewöhnlich mit einer blutrothen Schwiele innerhalb des scharfen schwach ausgebogenen Mundsaums. Spindel mit weisslichem, unterwärts abgelöstem Umschlag; die Falte wenig entwickelt, fast gerade absteigend. Höhe 8''', Breite 3'''. (Aus Lischke's Sammlung.)

Aufenthalt: in Nordamerika im Ohio.

Bemerkung. Jay zieht diese Art zu L. reflexus Say, aber, wie mir scheint, mit Unrecht. Junge Exemplare von L. reflexus von der Grösse unserer Art sind weit breiter, bei gleicher Länge fast doppelt so breit. Ausgewachsene Stücke des reflexus haben ebenfalls nur 7, höchstens 8 Windungen, unsere Art müsste, bis zur Grösse eines ausgewachsenen reflexus ausgebildet, wenigstens 10 bis 11 Windungen erhalten, was bei Limnaeus überhaupt nie vorkommt. Auch die Windungen sind bei exilis flacher, wie die oberen des reflexus. Ersterer ist das nordamerikanische Aequivalent für unseren turricula.

59. Limnaeus reflexus Say.

Tafel 7. Fig. 10—12.

Testa rimata, elongata, conoidea, tenuis, striata, interdum malleata et striis elevatis cingulata, fusca, saepius lineis albidis ornata; spira longa, acuminata, sutura impressa, obliquissima; anfractibus convexiusculis; apertura elongata, semiovali, peristomate recto, acuto; plica columellari strictiuscula.

Limnaeus reflexus, Say Journ. Acad. Nat. Sc. 2. p. 167.
,, ,, Say Americ. Conch. t. 21. f. 2.
,, palustris var. distortus, Rossmässler Icon. p. 99 f. 52.
Limnea reflexa, Haldemann Limn. of N. Amer. p. 26 t. 8.
,, ,, Jay Cat. 1850. p. 270 no. 6324.

Gehäuse eng geritzt, langgestreckt, dünnwandig und durchscheinend, gestreift, oft hammerschlägig oder mit erhobenen rippenartigen Streifen, besonders gegen den Mundsaum, und von erhobenen, schwach kielförmigen Streifen umzogen, wodurch stellenweise ein gitterartiges Ansehen entsteht, der Grund zuweilen hell horngelb, meist bräunlich, häufig mit weisslichen Linien geziert. Das Gewinde länger als die Mündung, etwas kegelförmig, zugespitzt; die Naht eingezogen, sehr schief, die Windungen wenig gewölbt, seltner eben (Fig. 11). Mündung länglich, halbeiförmig, oben spitzwinklig, durch die Mündungswand wenig ausgeschnitten, bräunlich gelb, oft mit einem blutrothen Band innerhalb des geraden scharfen Mundsaums; Spindelumschlag sehr dünn, weisslich, unten etwas lostretend, Spindelfalte innen bogig, dann fast gerade absteigend. Höhe 14—18''', Breite 4½—6'''. (Aus meiner und Lischke's Sammlung.)

Aufenthalt: in Nordamerika im Ohio.

60. Limnaeus umbrosus Say.

Taf. 7. Fig. 13—16.

Testa elongata, ventricosa, striata, lineolis numerosis subundulatis impressis cincta, corneofusca, saepius albido lineata; spira attenuata, acuta; sutura impressa, anfractibus convexiusculis; apertura subsemicirculari; peristomate repando; plica columellari arcuata, recurvata.

Limnaeus elongatus, Say Journ. Acad. Nat. Sc. 2. p. 169.
,, umbrosus, Say Americ. Conch. t. 31 f. 1.
Limnaea umbrosa, Haldeman Limn. of N. Am. p. 24. t. 7.
,, ,, Jay Cat. 1850. p. 271. no. 6345.

Gehäuse ungeritzt, gestreckt, mehr oder weniger bauchig, dünnwandig, fein gestreift, mit feinen dichtstehenden, etwas wellenförmigen, eingedrückten Linien umzogen, heller oder dunkler hornbraun, häufig mit weisslichen Linien geziert, zuweilen zeigen sich hellere Längs- und Querstreifen, wodurch die Oberfläche wie ge-

I. 17b.   6

gittert erscheint, von den Wachsthumsabsätzen zeigen sich gewöhnlich helle oder gelbliche Striemen. Das Gewinde mehr oder weniger hoch, konisch, zugespitzt; die Naht eingezogen, die Windungen etwas gewölbt, rasch zunehmend. Mündung fast halbkreisförmig, braungelb oder gelblich, mit einem blutrothen Band neben dem Rande oder mit röthlicher Strieme; ausserhalb des rothen Bandes der Rand weisslich, Spindel mit weisslichem überall anliegendem Umschlag; die Falte wenig erhoben, schwach bogig heraustretend, dann in einem sehr flachen Bogen nach hinten gerichtet. Höhe 12—15''', Breite 5½—6'''. (Aus meiner Sammlung, auch von Lischke mitgetheilt.)

Aufenthalt: in Nordamerika in Canada, in den Staaten Missouri, New-York, Ohio, Indiana und Illinois.

Bemerkung. Von der vorigen Art unterscheidet sich umbrosus durch den Mangel der Nabelritze, bauchigere Form, andere Mündung, etwas stärker gewölbte Windungen, wovon besonders die letzte bauchig gewölbt, die nach rückwärts gerichtete Spindelfalte und besonders die eingedrückten Linien, welche zwar bei reflexus ebenfalls vorkommen, aber weit weniger deutlich und regelmässig sind.

61. Limnaeus elodes Say.

Taf. 7. Fig. 17—21.

Testa conico-elongata, tenuiuscula, sericina, subtiliter striata, lineis impressis minutissimis cincta, cornea, apice fusca, saepius albo-lineata, spira conica, acuta, sutura impressa, anfractibus convexiusculis; apertura semiovali, superne acute angulata, prope marginem sanguineo-taeniata, in adultis crasse albo-labiato, plica columellari obsoleta, recurvatiuscula.

Limnaeus elodes, Say Journ. Acad. Am. Nat. Sc. 2. p. 169.
,,   ,,   Say Amer. Conch. t. 31 f. 3.
,,   palustris, Sowerby Cat. of Richardson's Shells no. 32.
Limnaea elodes, Gould Invert. of Massachusetts p. 221 f. 116. 147.
,,   fragilis Haldeman Limn. of N. Amer. p. 20. t. 6.
,,   elodes, Jay Cat. 1850 p. 269. no. 6283.

Gehäuse gestreckt, konisch, zuweilen etwas eiförmig gewölbt, ziemlich dünn, seidenglänzend, fein gestreift, mit gedrängten, sehr feinen eingedrückten Linien umzogen, hornbräunlich, mit einzelnen hellen Striemen von den neuen Ansätzen, häufig mit mehr oder weniger zahlreichen weissen Linien geziert, zuweilen die Oberfläche etwas hammerschlägig. Das Gewinde ziemlich hoch, kegelförmig, zugespitzt; die Naht eingezogen; die Windungen wenig gewölbt, rasch zunehmend, die letzte bauchiger, unten stark verschmälert. Mündung halbeiförmig, braungelb, mit einem blutrothen Band neben dem Rande des Mundsaums, im Alter erscheint statt dessen eine dicke weisse Schwiele oder Lippe. Spindel mit weissem Umschlag, die Falte wenig entwickelt, schwach gebogen, etwas nach hinten gerichtet. Höhe 10—12''', Breite 4—5'''. (Aus Lischke's und meiner Sammlung.)

Aufenthalt: in Nordamerika, in Canada, Maine, Massachusetts, New-York, im Erie-See, im Ohio und in West-Pennsylvanien.

Bemerkung. Vorbeschriebene Art ist durch die Bildung einer wahren Lippe eine der interessantesten der ganzen Gattung. Ist schon dadurch ein sehr wesentliches Kennzeichen zur Unterscheidung von der vorigen gegeben, so ist sie auch in anderer Hinsicht nicht damit zu verwechseln, sie ist weit weniger bauchig, so dass bei der Seitenansicht (Fig. 18) die Mündungswand ganz verschwindet, während bei umbrosus in ganz gleicher Richtung (Fig. 15) die Mündungswand, sowie ein Theil der Spindelfalte sichtbar ist, wegen stärkerer Auftreibung der letzten Windung. Eine Eigenthümlichkeit für diese beiden Arten, sowie für reflexus, vielleicht auch exilis, sind die weissen Linien, welche bei den europäischen Formen mir nie vorkamen und schon dadurch eine Vereinigung der drei letztbeschriebenen Arten mit fragilis oder andern Europäern unthunlich machen.

62. Limnaeus macrostomus Say.

Taf. 8. Fig. 1. 2.

Testa vix umbilicata, ovata, fragilis, diaphana, corneo-fusca, subtiliter striata, saepius lineis elevatis corrugata; spira parva, acuminata, anfractibus convexis, ultimo maximo; apertura lata, vitrea; columella alba, plica angusta, arcuata.

Limneus macrostomus, Say in Journ. Acad. Nat. Sc. 7. p.170.
Limnaea macrostoma, Gould Invert. of Massach. p. 217. f. 148.
„   coarctata, Lea Proced. of Am. Phil. Soc. 2. p.33.
„   columella, Haldemann Monogr. Limn. of N. Am. p.38. t.12. f. 1—5.
„   „   Jay Cat. 1850 p. 270.

Gehäuse kaum mit einer Spur von Nabelritze, zugespitzt eiförmig, dünn und zerbrechlich, durchscheinend, hornbraun, sehr fein gestreift, nicht selten mit erhobenen Linien und Runzeln umzogen, besonders auf dem Rückentheil der letzten Windung. Das Gewinde niedrig, kegelförmig mit breiter Basis; die Windungen gewölbt, gewöhnlich nur fünf, die letzten rasch zunehmend, die letzte sehr überwiegend. Mündung gross und weit, innen glasglänzend, braungelb oder braunweisslich; der Mundsaum scharf, bei allen Exemplaren etwas ausgebogen; Spindel mit weisslichem Umschlag, die Falte dünn, wenig entwickelt, steil heraustretend und bogig nach hinterwärts gerichtet. Höhe 9''', Breite 6'''. (Aus meiner Sammlung, auch von Lischke mitgetheilt.)

Aufenthalt: in Nordamerika in den Staaten New-York und Massachusetts.

Bemerkung. Haldeman und Jay verbinden diese Art mit columellaris Say, und es ist nicht zu verkennen, dass beide nahe verwandt sind. Jedoch ist die Form beider im Allgemeinen verschieden, das Gewinde bei macrostomus ganz anders und die Mündung immer viel weiter.

63. Limnaeus columella Say.

Taf. 8. Fig. 3—5.

Testa non rimata, ovato-acuminata, fragilis, diaphana, corneo-fusca, subtiliter striata, saepius lineis elevatis corrugata; spira conica, acuta; anfractibus convexiusculis, ultimo maximo; apertura semiovali; collumella alba, plica subobsoleta, minus arcuata.

Limneus columella,	Say Nichols Enc. Limneus N. 3.	
„	„	Say Journ. Acad. Nat. Sc. 1. p. 15.
„	„	Gould Invert. of Massach. p. 215 f. 144.
„	chalybaea,	Gould l. c. p. 216 f. 145.
„	navicula,	Valenciennes in Rec. d'Obs. de Zool. par Humboldt et Bonpland 2. p. 251.
Limnaea acuminata,	Adams in Amer. Journ. Sc. 39. p. 374.
„	columella,	Haldeman Limn. of N. Amer. p. 38 t. 12 f. 9—15.
„	„	Jay Cat. 1850 p. 269 no. 6270.

Gehäuse nicht geritzt, eiförmig, zugespitzt, dünn, durchscheinend, fast glanzlos, hornbraun, sehr fein gestreift, zuweilen mit erhobenen Linien und Runzeln, das Gewinde niedrig, kegelförmig, mit feiner Spitze; die Windungen wenig gewölbt, die letzte gross, sehr überwiegend, unten nur wenig verschmälert, mässig gewölbt. Mündung ziemlich hoch und weit, halbeiförmig, innen glasglänzend, bräunlich weiss; Mundsaum geradeaus, scharf; Spindel mit dünnem, weisslichem Umschlag; die Falte kaum entwickelt, steil absteigend, schwach gebogen, etwas nach hinten gerichtet. Höhe 9''', Breite 6'''. (Sammlung von Dr. v. d. Busch.) Die Var. L. chalybaeus Gould (Fig. 5) ist schlanker als die Stammform, die Spira noch feiner zugespitzt, die Oberfläche mit schwarzem Schlammüberzug vollkommen bedeckt, die Mündung blauweiss, stahlblau überlaufen.

Aufenthalt: in Nordamerika in den mittleren westlichen Staaten.

64. Limnaeus emarginatus Say.

Taf. 8. Fig. 6—10.

Testa rimata, subgloboso-ovata, nitidula, pallide ochracea vel flavo-cornea, subtilissime strigillata, saepius lineis elevatis obsoletis circumdata; spira brevi, lata, acutiuscula, anfractibus 5 convexis, ultimo subgloboso; sutura valde impressa; apertura subovali, interdum purpureo-fasciata, crena columellari profunde emarginata, plica strictiuscula.

Limnaeus emarginatus,	Say in Journ. Acad. Nat. Sc. 2 p. 270.
„	„	Say Americ. Conch. t. 55. f. 1.

Limnaea emarginata, Haldeman Limn. of North Am. p. 10. t. 2.
„   „   Jay Cat. 1850. p. 269.

Var. A. Testa ovato-conica, acuminata, anfractibus convexis, ultimo ovato, apertura semiovali.
Limnaeus ontariensis, Mühlfeld in Lit.

Gehäuse mit enger Nabelritze, mehr oder weniger kuglich eiförmig, dünnwandig, zuweilen etwas solide, schwach glänzend, blass ockergelblich oder horngelb, zuweilen mit weisslichen Linien geziert, die ganze Oberfläche ausser den Wachsthumsstreifen mit dichtstehenden kleinen eingetieften kurzen Stricheln besetzt, welche von wenig deutlichen ebenfalls sehr feinen, besonders die letzte Windung umziehenden vertieften Linien durchkreuzt werden, ausserdem zeigen sich noch zuweilen die gewöhnlichen erhobenen Linien, jedoch nur schwach und abgeflacht auf dem Rücken der letzten Windung, während sie gegen den Mund hin oft so stark werden, dass sie auch im Innern sichtbar sind. Das Gewinde ist niedrig, kegelförmig, mit sehr breiter Basis, die Windungen schwach gewölbt, viel breiter als hoch, die letzte fast kugelig, unten ziemlich stark verschmälert. Mündung etwas eiförmig, gelblich, häufig mit rothem Band; der Mundsaum geradeaus, scharf; bei recht alten Stücken durch die Streifen der Aussenseite fast wellig gekerbt. Spindel mit weisslichem Umschlag, die Mündungswand aufgetrieben, so dass in der Mitte, wo die Spindelfalte zum Vorschein kommt, ein stark ausgeprägter Winkel oder dreieckiger Ausschnitt entsteht; die Spindel selbst deutlich etwas zurückgebogen. Höhe 8—10''', Breite 5½—7'''. (Aus meiner Sammlung und von Lischke mitgetheilt.) Die Varietät (Fig. 10) ist gestreckter, eiförmig-konisch, zugespitzt, das Gewinde hoch, die Windungen stark gewölbt, die letzte mehr eiförmig, die Mündung länglich, halbeiförmig, die Spindelbildung wie bei der Stammform.

Aufenthalt: im Michigan- und Nomakin-See in Nordamerika, die Varietät (von Dr. v. d. Busch mitgetheilt) im Ontario-See.

65. Limnaeus decollatus Mighels.

Tafel. 8. Fig. 11—14.

Testa non rimata, subovata, tenuis, pellucida, subtilissime striata, corneo-flava, sericina, interdum rugis vel lineis elevatis semicingulata; spira conica, apice saepius decollata; anfractibus convexiusculis, superne depressis, sutura impressa; apertura semiovali, interdum sanguineo-fasciata, columella alba, plica arcuata.

Limnaea decollata, Mighels in lit.
„   catascopium, Haldeman Limn. of. N. Amer. p. 52. t. 14.
„   „   Jay Cat. 1850. p. 269.

Gehäuse nicht geritzt, ziemlich eiförmig, dünn und durchscheinend, horngelb mit feinen, aus kleinen Strichelchen gebildeten Linien umzogen, ausserdem fein gestreift, nicht selten gegen den Mundsaum hin mit erhobenem Streifen oder Runzeln. Das Gewinde niedrig, breit, kegelförmig zugespitzt, häufig sind die oberen Windungen bis zur drittletzten abgenagt, die unteren sind oben verflacht, mit stark eingezogener Naht, die letzte gross, nicht selten in der Mitte fast kantig gewölbt, so dass eine fast rautenförmige Figur entsteht. Die Mündung halbeiförmig, gelblich, entweder nur unten mit einem kurzen röthlichen Streif oder mit einem vollständigen blutrothen Band und fleischröthlicher Innenfläche. Die Spindel mit sehr dünnem weisslichem Umschlag, die Falte deutlich, erhoben, nach hinten gebogen, durch die rasche Biegung nach aussen entsteht wie bei emarginatus ein scharfer Winkel oberhalb derselben. Höhe 7—9''', Breite 5—6'''. (Aus den Sammlungen von Lischke und von dem Busch.)

Aufenthalt: im Staat Maine in Nordamerika.

66. Limnaeus catascopium Say.

Taf. 8. Fig. 15—21.

Testa non rimata, ovato conica, tenuiuscula, subtilissime striata, impresso-lineata, corneo-flava vel fusca, interdum pallida; spira late conica, acuta, sutura impressa, subexcavata, anfractibus convexiusculis, superne depressis; apertura semiovali; columella alba, plica subobsoleta, plana, strictiuscula.

Limnaeus catascopium, Say in Nichols. Enc. t. 2 f. 3.
    ,,   Say Amer. Conch. t. 4 f. 2.
?   ,,   pinguis, Say in Journ. Acad. Nat. Sc. 2. p. 123.
Limnaea cornea, Valenciennes Rec. d'Obs. de Zool. par Humpoldt et Bonpland. 2. p. 251.
?   ,,   virginiana, Lamark Anim. s. Vert. 6. p. 411.
?   ,,   ,,   Deshayes Enc. méth. Vers 2. p. 362. no. 21.
    ,,   catascopium, Gould Invert. of Massach. p. 223.
    ,,   ,,   Haldeman Lima. of N. Amer. p. 6 t. 1.
    ,,   ,,   Jay Cat. 1850. p. 269. no. 6207.

Gehäuse nicht geritzt, eiförmig-konisch, ziemlich dünnwandig, glänzend, selten blass horngelb, meist horngelbröthlich oder hornbräunlich, oft mit schwarzer Schmutzbekleidung versehen, fein gestreift und mit feinen aus eingedrückten Strichelchen bestehenden Linien umzogen. Das Gewinde bald niedrig, bald mässig hoch, kegelförmig mit feiner Spitze, die Naht stark eingezogen, unten fast eingesenkt; die Windungen schnell zunehmend, wenig gewölbt, oben abgeflacht, die letzte ziemlich bauchig eiförmig, unten verschmälert. Mündung halbeiförmig, durch die Mündungswand abgestutzt; der Mundsaum gerade, scharf; die Spindel mit stumpfwinkligem Ausschnitt und weissem Umschlag, die Falte fast gerade, als solche wenig deutlich und mehr einer abgeflachten

Schwiele ähnlich, meist etwas nach hinten gerichtet. Höhe 8—10''', Breite 4½—6'''. (Aus meiner Sammlung.)

Aufenthalt: in Nordamerika im Delaware- und Schuylkill-Fluss, auch im Lewis-River im Oregon-Gebiet.

Bemerkung. Ich muss es kundigeren Conchyliologen überlassen, zu unterscheiden, ob die drei letztbeschriebenen Arten wirklich zusammengehören, wie Haldeman und Jay es wollen. Im Allgemeinen haben sie allerdings vieles miteinander gemein, aber es hat jede ihre Eigenthümlichkeiten, so dass sie wohl auseinander zu halten sind. Das geringe Material, welches mir davon zu Gebote steht, verbietet indess jedes Urtheil.

67. Limnaeus desidiosus Say.

Taf. 8. Fig. 22—26.

Testa rimata, ovato-conica, subtilissime striata, tenuis, lutea, interdum albolineata; spira attenuata, acuta, sutura valde impressa, anfractibus convexis, ultimo subinflato; apertura ovali, columella alba, plica obsoleta.

Limnaeus desidiosus, Say in Journ. Acad. Nat. Sc. 2 p. 169.
      ,,   ,,   Say Amer. Conch. t. 55 f. 3.
? ,,   obrussa, Say in Journ. Acad. Nat. Sc. 5. p. 123.
Limnaea acuta, Lea in Transact. Am. Phil. Soc. 5. t. 19. f. 81.
  ,,   philadelphica, Lea Proced. vol. 2. p. 32.
  ,,   desidiosa, Haldeman Limn. of N. Am. p. 31. t. 10.
  ,,   ,,   Jay Cat. 1850. p. 269. no. 6279.

Gehäuse offen geritzt, eiförmig-konisch, dünnwandig, durchscheinend, fein gestreift und mit feinen eingedrückten Linien umzogen, horngelb oder röthlich, zuweilen mit weissen Linien geziert. Das Gewinde ziemlich hoch, verschmälert und fein zugespitzt, die Naht stark eingezogen, nach unten etwas eingetieft; Windungen gewölbt, die letzte oft, besonders bei grossen Exemplaren, bauchig, Mündung bei letzteren weit, gewöhnlich schmal eiförmig, durch die Mündungswand wenig ausgeschnitten, gelblich; der Mundsaum gerade, unten etwas schwielig; die Spindel mit weissem Umschlag, die Falte wenig entwickelt, kaum gebogen, steil heraustretend. Höhe 6—9''', Breite 3½—5½'''. (Aus meiner Sammlung, auch von Dr. von dem Busch mitgetheilt.)

Aufenthalt: in den vereinigten Staaten von Nordamerika und Neuengland.

68. Limnaeus caperatus Say.

Tafel 8. Fig. 27—30.

Testa rimata, conica, tenuiuscula, subtilissime striata, lineis subtilibus impressis cincta, corneo-flava, interdum albofasciata; spira acuta, sutura impressa, anfractibus 5—6 convexis, ultimo ovato; apertura ovali-acuminata, columella albida, plica obsoleta.

Limnaeus caperatus, Say Disseminator 1829 Juli p. 230.
Limnaea umbilicata, Adams in Boston Journ. Nat. Hist. 3. p. 325. t. 3. f. 14.
,, ,, Gould Invert. of. Massach. p. 218 f. 149.
,, ,, Haldeman Limn. of N. Amer. p. 34. t. 11 f. 1—9.
,, ,, Jay Cat. 1850 p. 268. no. 6263.

Gehäuse klein, weit geritzt, etwas eiförmig – konisch, dünnwandig, wenig glänzend, fein gestreift, mit vertieften feinen Linien umzogen, heller oder dunkler horngelb bis hornbräunlich, zuweilen mit breiten weissen Bändern oder Striemen geziert, häufig mit schwarzem Schmutzüberzug. Das Gewinde von der Höhe der Mündung, zugespitzt; die Naht eingezogen; die Windungen gewölbt, rasch zunehmend, die letzte länglich eiförmig, unten verschmälert. Mündung eiförmig, oben zugespitzt, durch die Mündungswand wenig modificirt, gelb, öfters mit rothem Band neben dem Mundsaum. Die Spindel mit weisslichem, unten lostretendem Umschlag, die Falte sehr undeutlich abgeflacht, etwas nach hinten gerichtet. Höhe 5 — 7''', Breite 2½ — 3½'''. (Aus meiner Sammlung, auch von Dr. von dem Busch und Lischke mitgetheilt.)

Aufenthalt: in Nordamerika in Pennsylvanien, Vermont und Illinois.

69. Limnaeus apicinus Lea.

Taf. 8. Fig. 31—33.

Testa rimata, ovato-conica, solidiuscula, laevis, coerulescenti-grisea, apice brunneo-rufa; spira conica, acuta, sutura excavata, anfractibus 4 — 5 convexis; apertura brunnea, columella alba, plica obsoleta.

Limnaea solida et apicina, Lea in Trans. Am. Phil. Soc. 6 p. 94. et 102. t. 23. f. 91. 94.
,, ,, Haldeman Limn. of. N. Am. p. 36. t. 36. f. 10 — 13.
,, ,, Jay Cat. 1850. p. 270. no. 6331.

Gehäuse klein, geritzt, eiförmig – konisch, ziemlich solide, nur von den neuen Ansätzen fein gestreift, blass bläulichgrau, die Spitze bräunlich roth. Gewinde ziemlich hoch, konisch, zugespitzt; die Naht tief eingezogen, fast ausgehöhlt; Windungen gewölbt, mässig rasch zunehmend, die letzte schief eiförmig, unten wenig schmäler. Mündung eiförmig, oben zugespitzt, durch die Mündungswand etwas ausgeschnitten, stumpfspitzig, braunröthlich mit hellerem Rand; die Spindel mit weisslichem, unten lostretendem Umschlag, die Falte wenig entwickelt, fast gerade. Höhe 6''', Breite 3'''. (Aus meiner Sammlung.)

Aufenthalt: in Nordamerika im Oregon – Gebiet.

Bemerkung. Des schon früher beschriebenen L. solidus Philippi wegen, musste der weniger übliche Name von Lea, da dessen beide Arten zusammenfallen, angenommen werden, der zugleich für die Art sehr bezeichnend ist.

70. Limnaeus pallidus Adams.

Taf. 11. Fig. 1. 2. nal. Gr. 3. 4 vergr.

Testa rimata, conica, tenuiuscula, subtilissime striata, pallide cornea, apice fuscula; spira acuminata, anfractibus 5 planiusculis, ultimo medio convexiore; apertura semiovali, superne angulata, columella alba, plica distincta, callosa.

Limnaea pallida, Adams in Boston Journ. Nat. Hist. 3 p. 324. t. 3 f. 13.
,, ,, Adams in Amer. Journ. Sc. 39. p. 374.
,, ,, Haldeman Limn. of N. Am. p. 45. t. 12. f. 11—13.
,, ,, Jay Cat. 1850. p. 270. no. 6321.

Gehäuse geritzt, etwas eiförmig–konisch, ziemlich dünnwandig, fein gestreift, kaum glänzend, weisslich hornfarben mit dunkler Spitze, zuweilen die Naht weisslich gesäumt. Das Gewinde so hoch oder etwas höher, selten niedriger als die Mündung, mit feiner Spitze; die Naht schwach eingezogen, die Windungen fast flach, langsam zunehmend, die letzte gross, eiförmig, in der Mitte etwas aufgetrieben. Mündung halbeiförmig, oben durch die Mündungswand schräg abgestutzt, gelblich, glänzend, nicht selten unten roth; die Spindel mit weisslichem Umschlag, die Falte deutlich, steil abwärts gerichtet, schwielig, unten in eine weissliche Schwiele verfliessend. Höhe 4½—5‴, Breite 2½‴. (Aus meiner Sammlung.)
Aufenthalt: in Nordamerika im Champlain-See.

71. Limnaeus bulimoides Lea.

Taf. 11. Fig. 5. 6. nat. Gr. 7. 8 vergr.

Testa rimata, inflata, tenera, pellucida, subtilissime striata, lineis obsoletis impressis cincta, pallide cornea; spira conica, sutura impressa, anfractibus 1—5 convexis: apertura semiovali, columella albida, plica subnulla.

Limnaea bulimoides, Lea in Proc. Am. Phil. Soc. 2. p. 33.
,, ,, Haldeman Limn. of N. Amer. p. 44. t. 13 f. 9. 10.

Gehäuse eng geritzt, aufgetrieben, dünnwandig und durchscheinend, sehr fein gestreift, mit verloschenen eingedrückten Linien umzogen, blass hornbräunlich. Das Gewinde von der Höhe der Mündung, konisch, zugespitzt; die Naht eingedrückt, die Windungen gewölbt, ziemlich rasch zunehmend, die letzte kurz, bauchig eiförmig. Mündung fast halbeiförmig, oben von der Mündungswand etwas ausgeschnitten; der Mundsaum gerade, scharf, Spindel concav, mit weisslichem Umschlag, der nur unten etwas lostritt, die Falte kaum angedeutet, fast gerade. Höhe 4½—5‴, Breite 2½—3‴. (Aus meiner Sammlung.)
Aufenthalt: im Oregon-Gebiet in Nordamerika.

I. 17ᵇ. 7

72. Limnaeus gracilis Jay.

Taf. 11. Fig. 9. 10.

Testa non rimata, praelonga, gracilis, anguste acuminata, subtiliter striata, pallida; spira producta, anfractibus 4—6 planulatis; apertura oblongo-ovata, lactea, columella strictiuscula, plica subnulla.

Limnaea gracilis, Jay Cat. 1839. t. 1 f. 60. Cat. 1850 p. 269 no. 6207.
„   „   Haldeman Limn. of N. Amer. p. 50 t. 13 f. 21.

Gehäuse ohne Nabelritze, langgestreckt und sehr schlank, fein zugespitzt, dünnwandig, fein gestreift, blass gelblich, zuweilen mit schwarzem Schlammüberzug. Das Gewinde lang ausgezogen, die Windungen schwach gewölbt, an der Naht etwas eingezogen, diese selbst sehr schief herablaufend und schwach gerandet; die letzte Windung sehr gestreckt eiförmig. Mündung lang eiförmig, oben mit scharfer Ecke; der Mundsaum scharf, unten etwas ausgebogen; Spindel mit sehr schmalem Umschlag, fast gerade, von der Spindelfalte ist nur eine schwache Andeutung vorhanden, indem der Spindelrand schwach schwielig verdickt erscheint. Höhe 7—9′′′, Breite 1⅓—2′′′. (Sammlung von Dr. von dem Busch.)

Aufenthalt: in Nordamerika im Champlain-See.

Bemerkung. Auf dem ersten Anblick erscheint L. gracilis wie eine junge Schale irgend einer grössern Art. Dieser Annahme steht aber, ausser dem ganzen Habitus, besonders die geringe Ausbildung der Spindelfalte entgegen, welche bei allen grösseren dünnschaligen Limnäen als Stütze des Gehäuses im Jugendzustande kräftig, oft weit kräftiger erscheint, wie im Alter.

73. Limnaeus vitreus Haldeman.

Tafel. 11. Fig. 11. 12 nat. Gr. 13. 14 vergr.

Testa rimata, ovata, lata, tenuissima, diaphana, nitida, subtilissime striata, pallida, spira acuminata, anfractibus 4 convexis; apertura ampla; columella alba, plica arcuatula.

Limnaea vitrea, Haldeman Limn. of N. Amer. p. 47 t. 13 f. 14. 15.

Gehäuse weit geritzt, eiförmig, zuweilen mehr gestreckt (Fig. 12. 14.) sehr dünn, durchscheinend, glänzend, fein gestreift, blassgelblich. Das Gewinde mässig hoch, gewöhnlich niedriger als die Mündung; die Windungen gewölbt, durch die eingezogene Naht abgesetzt erscheinend, die letzte gross, aufgetrieben. Mündung weit, glasglänzend, der Mundsaum gerundet, gerade; Spindel mit dünnem weisslichem Umschlag, die Falte wenig entwickelt, fast gerade absteigend. Höhe 5′′′, Breite 2½—3′′′. (Aus meiner Sammlung.)

Aufenthalt: in Nordamerika im Ohio.

74. Limnaeus humilis Say.

Taf. 11. Fig. 15. 16. nat. Gr. 17. 18. vergr.

Testa anguste rimata, ovato-conica, tenuis, humilis, nitida, pallide cornea, striata, saepius lineis irregularibus elevatis cincta; spira conica, acuminata; anfractibus 5 convexis, sutura impressa; apertura ovali; columella strictiuscula, plica obsoleta.

Limnaeus humilis Say Journ. Acad. Am. Nat. Sc. 2. p. 379.
„   modicellus, Say in Journ. Acad. Nat. Sc. 5. p. 122.
Limnaea modicellus, Gould Invert. of Massachusetts p. 215 f. 119.
?   „   parva, Lea in Proced. Am. Phil. Soc. 2. p. 33.
„   humilis, Haldeman Limn. of N. Amer. p. 6 t. 13. f. 1—8.
„   „   Jay Cat. 1850. p. 269. no. 6299.

Gehäuse eng geritzt, eiförmig-konisch, dünn, durchscheinend, glänzend; heller oder dunkler horngelb, deutlich gestreift, meist mit erhobenen unregelmässigen Runzelstreifen umzogen, selbst zuweilen mit schwachen hammerschlägigen Eindrücken besetzt. Das Gewinde von der Höhe der Mündung, kegelförmig, mit eingezogener Naht, daher die gewölbten Windungen deutlich abgesetzt, die letzte eiförmig, unten stark verschmälert. Mündung ziemlich eiförmig, oben durch die Mündungswand etwas ausgeschnitten; die Spindel mit weisslichem, unten lostretendem Umschlag; die Falte wenig entwickelt, fast gerade absteigend, unten etwas schwielig. Höhe 5—5½''', Breite 2½'''. (Sammlung von Dr. von dem Busch.)

Aufenthalt: in Nordamerika in den Staaten New-York und Maine.

75. Limnaeus obrussa Say.

Taf. 11. Fig. 19. nat. Gr. 20. 21. vergr.

Testa rimata, ovato-oblonga, subconica, subtiliter striata, nitida, pallide cornea, apice rufa; spira conica, sutura impressa, anfractibus 5 convexis; apertura semiovali; columella medio subangulata; plica obsoleta.

·   Lister t. 114. f. 8.?
Limneus obrussa, Say in Journ. Acad. Nat. Sc. 5. p. 123.
Limnaea desidiosa? Haldeman Limn. of N. Amer. p. 45. t. 13. f. 16—18.
„   obrussa, Jay Cat. 1850 no. 6317.
?   „   Griffithiana, Lea teste v. d. Busch.

Gehäuse geritzt, gestreckt eiförmig, fast konisch, dünnwandig, glänzend, fein gestreift, mit stärkeren Wachsthumsstreifen dazwischen, horngelb, die Spitze roth. Gewinde abgesetzt, kegelförmig, die Naht stark eingezogen; die Windungen gewölbt; die letzte eiförmig, unten schnell und stark verschmälert. Mündung eiförmig, oben durch die Mündungswand abgestutzt, mit spitziger Ecke, braungelb, zuweilen weisslich, besonders der innen etwas schwielig verdickte Mundsaum. Spindel mit weiss-

7 *

lichem Umschlag, in der Mitte durch die etwas vortretende undeutliche Falte schwach
ausgebuchtet. Höhe 3½ — 4‴, Breite 2½‴. (Von Dr. von dem Busch unter dem
Namen Griffithianus Lea mitgetheilt.)

Aufenthalt: bei Philadelphia in Nordamerika.

76. Limnaeus ferrugineus Haldeman.

Taf. 11. Fig. 22. nat. Gr. 23. 24 vergr.

Testa parva, vix rimata, ovata, striata, ferrugineo-rufa; spira conica, sutura impressa, anfractibus 4 convexis, ultimo ovato; apertura semiovali, rufescente, columella alba, plica distincta.

Limnaea ferruginea, Haldeman Limn. of North Amer. p. 49. t. 13. f. 19. 20.
„   „   Jay Cat. 1850. p. 269. no. 6287.
?   „   rubella, Lea sec. v. d. Busch.

Gehäuse klein, mit kaum angedeuteter Nabelritze, etwas konisch-eiförmig,
dünnwandig, gestreift, rostroth durch einen dünnen eisenhaltigen Schlammüberzug,
unter demselben hornroth, glänzend. Das Gewinde bald höher, (Fig. 23) bald etwas
niedriger (Fig. 24), im letzteren Falle das Gehäuse zugleich etwas bauchiger, die
Naht eingezogen, die gewölbten Windungen dadurch schwach abgesetzt, die letzte
gross, eiförmig, unten verschmälert. Mündung fast halbeiförmig, röthlich, oben durch
die Mündungswand etwas ausgeschnitten und mit ziemlich spitziger Ecke. Spindel
mit schmalem, weissem Umschlag, die Falte etwas vorgebogen, fast gerade absteigend. Höhe 3‴, Breite 1¾‴. (Von Dr. von dem Busch unter obigem Namen mitgetheilt.)

Aufenthalt: in Nordamerika in Oregongebiet.

77. Limnaeus longulus Mousson.

Taf. 11. Fig. 25. nat. Gr. 26. 27 vergr.

Testa anguste rimata, oblongo-ovata, tenuis, pellucida, nitidula, striata, corneo-flava; spira
acuta, sutura impressa, anfractibus 5 convexis, ultimo antice subcompresso; apertura acute ovali, columella arcuatula, plica indistincta.

Limnaeus longulus, Mousson.

Gehäuse ziemlich klein, sehr eng geritzt, gestreckt eiförmig, dünnwandig und
durchscheinend, unregelmässig gestreift, horngelb. Das Gewinde niedriger als die
Mündung, spitzig, die Windungen gewölbt, durch die eingezogene Naht etwas abgesetzt, die letzte gross, gewölbt, die Wölbung gegen den Mundsaum hin in der Mitte
abgeflacht, der Basaltheil stark verschmälert. Mündung eiförmig, oben zugespitzt,

durch die Mündungswand wenig modificirt, unten der Rand schwach ausgebogen. Spindel mit weissem Umschlag, fast der ganzen Länge nach sehr flach concav, die Falte wenig entwickelt, kaum über den Spindelrand vorstehend. Höhe 4½''', Breite 2⅓'''. (Sammlung von Dr. von dem Busch.) Aufenthalt: auf der Insel Java.

78. Limnaeus Schirazensis von dem Busch.

Tafel 11. Fig. 28. 29. nat. Gr. 30. 31 vergr.

Testa perforata, acuminato-ovata, solidiuscula, striatula, interdum subtiliter malleata, corneo-albida, nitidula: spira late conica, sutura impressa, anfractibus 5 convexis, superne planulatis; apertura ovali, superne rotundato-angulata, peristomate subcontinuo, plica columellari indistincta.

Limnaeus Schirazensis, von dem Busch Mss.

Gehäuse mit durchgehender länglicher Nabelöffnung, zugespitzt eiförmig, ziemlich solide, fein gestrichelt, mit stärkeren Wachsthumsstreifen, zuweilen mit feinen hammerschlägigen Eindrücken, hornweisslich, die Basis mehr weiss. Das Gewinde kegelförmig, abgesetzt, spitzig, die Naht eingetieft; Windungen gewölbt, der Oberrand derselben abgeflacht, die letzte bauchig, unten schnell verschmälert. Mündung eiförmig, oben mit abgerundeter Ecke, der Mundsaum gerade, durch den kurzen, auf der Mündungswand anliegenden, übrigens freien Spindelumschlag verbunden, unten etwas ausgebogen, mit dünner weisslicher Schwiele, innerhalb des Randes von oben herab eine sehr dünne gelbliche Schwielenleiste. Die Spindelfalte kaum angedeutet. Höhe 3''', Breite 2⅓'''. (Sammlung von Dr. von dem Busch.) Aufenthalt: bei Schiras in Persien.

Bemerkung. Vorstehende Art ist zunächst mit L. truncatulus (minutus) verwandt. Sie unterscheidet sich durch die gedrungene Form, weiteren Nabel und höhere Mündung mit stumpfer Ecke. Ob aber nicht Uebergänge zwischen beiden Arten vorkommen, somit schirazensis mit truncatulus zu verbinden wäre, kann ich aus dem geringen vorliegenden Material von ersterem nicht entscheiden.

79. Limnaeus hemisphaericus Menke.

Taf. 11. Fig. 32. 34. jünger 33.

Testa rimata, subglobosa, tenuis, pellucida, subtiliter striata, pallide ferruginea; spira brevissima, late conica, anfractibus 4 convexis, ultimo inflato; apertura amplissima, peristomate recto, acuto, subcontinuo, columella alba, striciuscula, plica nulla.

Limnaeus hemisphaericus, Menke in sched.

Gehäuse mit langer, tief eindringender Nabelritze, fast kugelförmig, dünnwandig und durchscheinend, fein gestreift, blass rostgelblich oder horngelblich. Das
Gewinde sehr niedrig, als kurzer breiter Kegel vorspringend, die Windungen gewölbt,
die Naht nach unten schwach eingetieft; letzte Windung stark bauchig aufgetrieben,
unten schnell verschmälert. Mündung sehr weit, fast eiförmig, oben mit stumpfer
Ecke; der Mundsaum gerade, scharf, durch den kurz angehefteten Spindelumschlag
zusammenhängend; die Spindel fast gerade, ohne Falte, statt deren eine weisse unten
in der Mündung verfliessende Schwiele. Höhe 5½''', Breite 5'''. (Sammlung von
Dr. von dem Busch, aus Menke's Hand.)

Jüngere Schnecken (Fig. 33) haben keine so weite Mündung und die Spindel
ist bei ihnen mehr nach hinten gerichtet.

Aufenthalt: in der Emmer bei Pyrmont.

Bemerkung. Ich kann diese Art nirgends unterbringen, da sie wohl im Allgemeinen
zu auricularius, ovatus und Verwandten hinneigt, aber mit keinem so übereinstimmt, um sie als
Varietät (als Jugendzustand ist sie nicht anzusehen) damit zu verbinden. Beobachtungen an ihren
Standorten werden Sicherheit über ihre Stellung geben, ich wollte sie aber hier nicht weglassen,
da vornehmes Ignoriren solcher Formen keinen Gewinn, wohl aber Nachtheil bringt, weil dadurch
das Interesse für sie verloren geht.

80. Limnaeus tener Parreiss.

Tafel 12. Fig. 1. 2.

Testa rimata, subglobosa, tenuissima, diaphana, nitida, striata, pallide cornea; spira brevi, late
conica, acuminata, sutura impressa, anfractibus vix 5, convexis, ultimo maximo, superne planato; apertura ampla, ovali, peristomate recto, columella minus arcuata, plica obsoleta.

Limnaeus tener, Parreiss in sched.

Gehäuse mit tief eindringender Nabelritze, fast kugelig, sehr dünn und zerbrechlich, fast durchsichtig, glänzend, gestreift, mit Spuren von feinen eingedrückten
Linien, blass hornfarben, die Spitze braunröthlich. Das Gewinde niedrig, sehr breit
kegelförmig; die Naht ist eingedrückt, unten etwas rinnenartig eingesenkt; Windungen
gewölbt, die letzte mehr oder weniger gerundet, aufgetrieben, am Oberrand schmal
verflacht, fast etwas eingesenkt, unten verschmälert. Mündung sehr weit, eiförmig,
oben durch die Mündungswand etwas modificirt, ohne oder mit ganz stumpfer Ecke,
glasglänzend; der Mundsaum gerade, der Innenrand durch eine wenig merkliche,
ganz dünne Schwiele weisslich, besonders an der Basis. Spindel mit dünnem Umschlag, der ganzen Länge nach sanft gebogen, von der Falte zeigt sich nur eine

Spur als schwache Erhöhung. Höhe 6½''', Breite 5'''. (Von Dr. von dem Busch mit obiger Bezeichnung mitgetheilt.)

Aufenthalt: in Persien.

81. Limnaeus ventricularius Parreiss.

Taf. 12. Fig. 3. 4.

Testa non rimata, tenuis, diaphana, vix nitidula, subtilissime striata et subregulariter obscure sulcata, cornea; spira brevi, conica, acuminata, sutura minus impressa, anfractibus 4½ convexiusculis, ultimo maximo, apertura longa, semiovali, peristomate recto, acuto, plica columellari arcuata.

Limnaeus ventricularius; Parreiss in sched.

Eine dem L. rubiginosus nahe stehende Art, aber durch das höhere Gewinde, andere Farbe und kleinere Mündung verschieden. Das Gehäuse ist nicht geritzt, zugespitzt schmal eiförmig, dünnwandig und durchscheinend, wenig glänzend, der Rückentheil fast matt, sehr fein gestreift, mit wenig deutlichen, jedoch ziemlich regelmässigen Furchen besonders über den Rücken herab. Das Gewinde niedrig, konisch, mit feiner Spitze, die Naht etwas eingezogen, die Windungen schwach gewölbt, die letzte sehr gross, etwas bauchig eiförmig, unten verschmälert. Mündung lang, fast halbeiförmig, stark glasglänzend, weisslich, oben mit spitziger Ecke; Mundsaum gerade, scharfrandig. Spindel mit dünnem, fast anliegendem Umschlag, die Falte deutlich, bogig nach hinten gerichtet. Höhe 7½''', Breite 4'''. (Von Dr. von dem Busch unter obigem Namen mitgetheilt.)

Aufenthalt: in Ostindien.

82. Limnaeus affinis Parreiss.

Taf. 12. Fig. 5. 6.

Testa vix rimata, ovato-acuminata, tenuiuscula, striata, fusco-cornea, subopaca; spira mediocri, conica, acuminata; sutura impressa, anfractibus 5 convexis, ultimo ventricoso; apertura semiovali; superne angulata, columella alba, plica arcuata.

Limnaeus affinis, Parreiss in sched.

Gehäuse mit kaum offener Nabelritze, zugespitzt eiförmig, etwas dünnwandig, unregelmässig gestreift, hornbraun, fast glanzlos, mit einem schwarzen Schlammüberzug grösstentheils bedeckt. Das Gewinde mässig hoch, kegelförmig, zugespitzt; die Naht etwas eingezogen; die Windungen ziemlich rasch zunehmend, gewölbt, die letzte etwas bauchig, verhältnissmässig kurz, unten stark verschmälert. Mündung halbeiförmig, oben durch die Mündungswand schief abgeschnitten, mit spitziger Ecke, der

56

Mundsaum dünn, gerade; Spindel mit weisslichem, fest anliegendem Umschlag, die Falte deutlich, wenig gebogen, nach hinten gerichtet. Höhe 7‴, Breite 4‴. (Sammlung von Dr. von dem Busch.)
Aufenthalt: in Neuholland.

83. Limnaeus Blauneri Shuttleworth.

Taf. 12. Fig. 7. 8.

Testa rimata, ovato-subacuminata, tenera, fragilis, sericina, subtilissime striata, lineis impressis tenuissimis circumdata, corneo-lutescens; spira acuminata, truncata, anfractibus convexis, sutura profunda subcanaliculata junctis; apertura subovali, peristomate recto, columella albida, concaviuscula, plica obsoleta.

Limnaeus Blauneri, Shuttleworth in lit.

Gehäuse mit durchgehender, etwas weiter Nabelritze, fast spitz-eiförmig, dünn und zerbrechlich, durchscheinend, seidenglänzend von der höchst feinen sehr dichten Streifung, welche von feinen eingedrückten Linien durchkreuzt wird; der Grund ist heller oder dunkler horngelbröthlich. Das Gewinde kegelförmig, die Windungen gewöhnlich bis zur drittletzten abgefressen, die übrigen gewölbt, durch eine tiefe, unten fast rinnenartig eingesenkte Naht verbunden, die letzte etwas gestreckt eiförmig, unten verschmälert. Mündung unregelmässig eiförmig, oben mit ziemlich scharfer Ecke, durch die flache Mündungswand fast gerade abgeschnitten, glasglänzend, bräunlich. Mundsaum gerade, scharf. Spindel mit weissem Umschlag; die Falte kaum merklich, leicht gebogen. Höhe 7‴, Breite 3‴. (Aus Lischke's Sammlung.)
Aufenthalt; in der Schweiz im Canton Wallis, auf dem Matterhorn.
Bemerkung. Von mehreren Conchyliologen wird L. Blauneri zu pereger gezählt. Ich kann mich nach den vorliegenden Exemplaren zu dieser Vereinigung nicht entschliessen, da doch zu viele Kennzeichen dagegen sprechen und Exemplare des pereger, ebenfalls auf höheren Gebirgen der Schweiz gesammelt, zwar schlanker, aber doch im Allgemeinen nicht von der Normalform des pereger verschieden sind.

26. Limnaeus siculus var.

Taf 12. Fig. 9. 10.

Testa minus ovata, lutea, subtilissime striatula, apertura semiovali, peristomate recto, intus fascia sanguinea subcallosa; plica columellari distincta, recurvo-arcuata.

Von der Stammform unterscheidet sich diese Varietät durch das gestrecktere Gehäuse, derbere Wandung, gelbröthliche Färbung, zumeist aber durch die Mundparthie. Der Mundsaum ist gleichmässig bogig, etwas stumpfrandig, innen mit einem schwieligen rothen Band geziert; die Spindelfalte ist deutlich, bogig heraustretend und in einen sanften Bogen etwas nach hinten gerichtet, unten halbkreisförmig gebogen in den Mundrand übergehend. (Sammlung von Dr. von dem Busch).

Aufenthalt: auf der Insel Sicilien.

84. Limnaeus biformis Küster.

Taf. 12. Fig. 11—14.

Testa anguste rimata, ovata, acutispira, solidula, striata et irregulariter elevato - lineata, corneoflava, interdum pallide cornea; spira conica, acuta; anfractibus 5 convexis, lente accrescentibus, ultimo maximo, ovato; apertura ovali, peristomate subpatulo, intus albo - calloso; plica columellari strictiuscula.

Gehäuse mit enger Nabelritze, eiförmig, oben plötzlich zugespitzt, etwas solide, schwach glänzend, fein gestreift, mit erhobenen unregelmässigen Wachsthumsstreifen dazwischen, der Grund hell horngelb, zuweilen fleischfarben, der Mundrand weisslich, Das Gewinde schmal und zugespitzt eiförmig; die Windungen verhältnissmässig langsam zunehmend, die letzte dem Gewinde entschieden bauchig entgegenstehend, unten verschmälert. Mündung weit, zugespitzt eiförmig, oben nur wenig von der Mündungswand modificirt; der Mundsaum durch den eine kurze Strecke dicht anliegenden Spindelumschlag zusammenhängend, innen weisslich schwielig verdickt, etwas ausgebogen, besonders unten; Spindelfalte erst geschwungen, dann fast gerade, etwas nach hinten gerichtet; unten schwielig verlaufend. Höhe 7 — 8′′′, Breite 5 — 5½′′′. (Aus meiner Sammlung.)

Die Figuren 13. 14 stellen eine kleinere, dunkler gefärbte Form aus Krain vor, bei der das Gewinde noch länger und schlanker ist. Die übrigen Verhältnisse sind der Stammform gleich.

Aufenthalt: Die Stammform erhielt ich von dem verstorbenen Professor Braun in Carlsruhe, der sie in dortiger Gegend sammelte, als Limn. vulgaris, die andere ist, wie erwähnt, aus Krain.

Bemerkung. Ich kann diese Schnecke bei keiner der übrigen deutschen Arten unterbringen. Dass sie nicht L. vulgaris ist, lehrt die Vergleichung mit Pfeiffers Figur, sowie mit den auf Taf 2 unter Fig. 1 — 4 gegebenen Abbildungen, von denen Figur 4 nach einem Exemplar aus Ad. Schmidts Hand gezeichnet ist, somit als authentisch gelten kann. Die bogig zurücktretende Spindelfalte charakterisirt L. vulgaris in allen Formen, es steht bei diesem auch das Gewinde der letzten Windung nicht so entschieden entgegen, wie bei unsrer Art, worauf sich auch der Name gründet. Zu auricularius kann man biformis doch auch nicht bringen, eher möchte meine Figur 10 auf Tafel 1 zu biformis gehören. Der Vereinigung des biformis mit ovatus steht der ausgebogene Mundsaum entgegen, es bleibt somit nur übrig, ihn als eigene Art so lange

I. 17b.   8

existiren zu lassen, bis ermittelt ist, wohin er zu bringen wäre. Rossmässlers Limn. vulgaris gehört wahrscheinlich zu unserer Art.

85. Limnaeus sordidus Küster.

Taf. 12. Fig. 15. 16.

Testa perforato-rimata, ovato conica, tenuiuscula, diaphana, corneo-fusca, opaca, irregulariter striata, malleata, lineis elevatis cincta; spira dimidiam altitudinis aequante, acuminata, sutura impressa, anfractibus 6 convexis, ultimo ovato; apertura subsemiovali, albida, peristomate recto, acuto; plica co- lumellari obsoleta, strictiuscula.

Gehäuse mit tiefeindringender Nabelritze, eiförmig-konisch, ziemlich dünnwandig und durchscheinend, unregelmässig gestreift, mit erhöhten Linien umzogen, zwischen denen netzartig vertheilte Eindrücke oder hammerschlägeartige Grübchen; der Grund hornbraun, fast glanzlos. Spira die Hälfte der ganzen Höhe betragend, mit feiner Spitze und eingezogener Naht; die Windungen gewölbt, etwas rasch zunehmend, die letzte verhältnissmässig ziemlich breit, eiförmig. Mündung ziemlich halbeiförmig, oben durch die kurze Mündungswand etwas modificirt; der Mundsaum gerade, dünn, nur unten kaum merklich ausgebogen; Spindel mit weissem Umschlag, die Falte wenig entwickelt, fast gerade absteigend, etwas hinterwärts gerichtet. Höhe 10''', Breite 5''' (Sammlung von Dr. von dem Busch.)

Aufenthalt: Central-Amerika.

Amphipeplea Nilsson.

Buccinum, Müller. — Bulimus, Poiret, Bruguière. — Limnea, Daparnaud, Deshayes, Michaud, Sowerby. — Amphipeplea, Nilsson, Moll. Succ. p.58, Rossmässler, Philippi.

Gehäuse ohne Nabelritze, eiförmig oder fast kugelig, sehr dünnwandig, fast durchsichtig, glänzend, wenig intensiv gefärbt. Das Gewinde kaum erhoben, die wenigen Windungen schnell zunehmend, die letzte bildet fast das ganze Gehäuse. Mündung gross, eiförmig, der Mundsaum ganz dünn und scharf, die Spindel bogig mit breitem, sehr dünnem, fast die ganze Bauchseite deckendem Umschlag, ohne Falte, dafür gleich den Succineen mit einer schwachen Randleiste.

Thiere kurz und dick, der Lappen über dem Mund rundlich, die Fühler kurz, dreieckig, an der Innenseite der Basis stehen die Augen. Fuss länglich-eiförmig, hinten abgerundet. Der sehr grosse Mantel umgiebt das ganze Gehäuse.

Die wenigen Arten leben in stehenden und langsam fliessenden Wassern.

1. Amphipeplea glutinosa Müller.

Taf. 11. Fig. 20. 21.

Testa globosa, tenuissima, fragilis, pellucida, nitida, pallide cornea; spira brevissima, sutura subcanaliculata; anfractibus 4; apertura ovata, ampla, columella arcuata, tenui contorta; peristomate simplici, recto, acuto.

Buccinum glutinosum, Müller Verm. p. 129 no. 323.
Bulimus glutinosus, Poiret Prodr. p. 41 no. 8.
„ „ Bruguiére Enc. méth. Vers. 1. p. 306.
Helix glutinosa, Gmelin p. 3659 no. 134.
„ „ Dillwyn Cat. 2. p. 970 no. 185.
„ „ Montagu Test. p. 379 t. 16 f. 5.
Limnaeus glutinosus, Draparnaud Moll. p 50 nr. 3.
„ „ Michaud Compl. p. 34 no. 4 t. 16 f. 13. 14.
Limaea glutinosa, Sowerby Gen. of Shells f. 5.
„ „ Turton Man. p. 120 no. 183 t. 103.
Amphipeplea glutinosa, Nilsson Moll. Suec. p. 58.
„ „ Rossmässler Icon. 1. p. 93 f. 48.
Limnaea glutinosa. Deshayes in Lamarck Anim. s. Vert. 2 ed. 8. p. 419 no. 20.
Amphipeplea glutinosa, Drouet Enum. Moll. de Fr. p. 25 no. 221.
„ „ Boll Moll. Mecklenb. p. 30 no. 1.

Gehäuse etwas länglich-kugelig, sehr dünn und zart, leicht zerbrechlich, stark glänzend wie polirt, fein gestreift, durchsichtig, blass horngelb, zuweilen hornweisslich. Die 3 bis 3½ Windungen sind am Oberrand regelmässig sehr fein furchenstreifig, der letzte ist sehr gross, so dass er fast das ganze Gehäuse bildet, die übrigen bilden das kleine, kaum vorstehende Gewinde. Mündung eiförmig, weit, oben von der Mündungswand ausgeschnitten und scharfeckig; Mundsaum gerade, scharfrandig; die Spindel mit breitem, sehr dicht anliegendem, fast farblosem Umschlag. Höhe 6—7‴, Breite 5—5½‴. (Aus meiner Sammlung.)

Das Thier ist schleimig, dick, kurz, oben tief olivenfarbig, der Mantel schwarz marmorirt und mit gelben Pünktchen besetzt, unten blässer, dick, überall um die Wölbung des Gehäuses, das er völlig einhüllt, geschlagen. Das vom Thier erfüllte Gehäuse ist braun und gelblich geschäckt von der Färbung des im Innern des Gehäuses verborgenen Mantel, die äusseren Mantelränder sind ungefleckt.

Aufenthalt: in stehenden und langsam fliessenden Wassern, in Schweden, dem nördlichen und westlichen Deutschland und in Frankreich.

2. Amphipeplea Cumingiana L. Pfeiffer.

Tafel 10. Fig. 18. 19.

Testa oblique subovata, tenuissima, fragilis, nitida, subtilissime striata, corneo-fluva; spira minuta, sutura canaliculata, anfractibus convexis, superne depressis, sulcato-striatis; apertura semiovali; columella semicirculari-arcuata.

8 *

? Limnaea imperialis, Lea Obs. on the Gen. Unio. I. 1834 p. 193. t. 19. f. 73.

Amphipeplea Cumingiana, L. Pfeiffer in Proc. Zool. Soc. 1845. p. 68.

    ,,   ,,   Jay Cat. 1850. p. 271. no. 6348.

    ,,   ,,   Pfeiffer in Malak. Blätt. 1854. p. 63.

Gehäuse ziemlich gross, schief eiförmig, aufgetrieben, sehr dünn und zart, glasglänzend, fein gestreift, die Streifen am Obertheil der beiden letzten Windungen regelmässig und stärker, fast furchenartig; der Grund horngelb, an den Wachsthums-absätzen dunkler. Das Gewinde sehr niedrig, die beiden ersten Windungen bilden eine stumpflich warzenförmige Spitze, die dritte ist etwas gewölbt, wie die letzte mit flachgedrücktem Obertheil, die Naht rinnenförmig eingetieft. Mündung gross, unregelmässig halbeiförmig, oben durch die gewölbte Mündungswand modificirt; der Spindelrand mit einem ziemlich breiten, dünnen, blattartigen Ansatz; Umschlag fast die ganze Bauchseite überkleidend. sehr dünn, weisslich. Höhe 11—13''', Breite 8—9'''. (Aus meiner Sammlung.)

Aufenthalt: auf der Insel Luçon.

Bemerkung. Es ist mir mehr als wahrscheinlich, dass Lea unter dem oben angeführten Namen unserer Art beschrieben hat. Zur vollkommenen Ueberzeugung reicht indess die etwas verzeichnete Figur und kurze Beschreibung nicht aus, so dass erst sichere Nachweise der Identität vorhanden sein müssen, ehe der Name Lea's als der ältere, den später von Pfeiffer gegebenen ersetzen kann.

Nachstehende Art kenne ich nicht; kann daher nur die Pfeiffer'sche Beschreibung wiedergeben.

3. Amphipeplea Strangei L. Pfeiffer.

Testa globoso-ovata, tenuis, subtilissime striatula, sericina, pellucida, pallide cornea; spira brevis, inflata, mucronata; anfr. $3\frac{1}{2}$ tumidi, ultimus $\frac{3}{4}$ longitudinis formans, tumidus; apertura obliqua, acumi-nato-ovalis; perist. rectum, acutum, marginibus callo dilatato junctis, columellari libero, usque ad apicem conspicuo, subcalloso, prominulo, leviter arcuato. Long. 23, lat. 18 mill. longa, medio 11 lata (Mus. Cuming.)

Amphipeplea Strangei, L. Pfeiffer in Malakoz. Blätt. 1854. p. 64.

Habitat. Moreton-Bay Australiae (Strange).

Chilina Gray.

Voluta, Maton; Bulimus, Bruguiére; Auricula, Lamarck, Lesson; Chilina, Gray, Sowerby, Philippi, Jay; Dombeya, d'Orbigny; Potamophila, Swainson.

Gehäuse mehr oder weniger eiförmig, ungenabelt, solide, bald nur von den neuen Ansätzen ohne Ordnung gestreift, bald mit ziemlich regelmässiger Streifung, braungelb oder röthlich oder blassgrünlich, häufig mit rothbraunen Flammen und Flecken, welche vier Bänder bilden, die auch im Innern der Mündung sichtbar sind; nach Beschaffenheit des Wassers ist bei manchen Arten die ganze Oberfläche mit einer dunklen Schmutzdecke überkleidet. Das Gewinde nie höher als die Hälfte der Schalenhöhe, zuweilen sehr niedrig oder abgenagt, die wenigen Windungen gewölbt, durch eine einfache Naht verbunden. Mündung länglich, halbeiförmig; der Mundsaum gerade, zugeschärft, die Spindel mit weissem, oft kielförmig gerandetem Umschlag, unten verdickt, in der Mitte stehen eine oder zwei stärkere oder schwächere Falten.

Das Thier hat zwei platte, winklige Fühler, an deren Mitte die Augen sitzen; der Mundsaum hat zwei starke Seitenanhänge; die Oeffnung der Kiemenhöhle ist rechts und mit einem sehr langen vorstehendem Kanal versehen, der in dem hinteren (oberen) Winkel der Mündung liegt. Geschlechtsorgane wie bei den Limnäen.

Die Gattung Chilina, bis jetzt wenig zahlreich an Arten, die auch durch Grösse nicht auffallen, bildet eine eigenthümliche Gruppe bei den Limnaeaceen. Die verschiedene Stellung der Augen in der Mitte, statt wie bei den übrigen Gattungen an der Basis der Fühler, zeigt diesen Unterschied genugsam an, jedoch ist er auch im Gehäuse ausgesprochen, welches in Farbe und Bildung sich von den dünnen, einfachen und einfarbigen Gehäuse der andern Limnaeen abschliesst und mit manchen Auriculaceen Aehnlichkeit hat.

Die Chilinen sind sämmtlich Bewohner der süssen Gewässer von Südamerika und zwar besonders des östlichen Theiles desselben, vor Allem Chili, Peru und Patagonien. Sie erinnern lebhaft an zwei andere Gattungen von Südwasserschnecken welche ebenfalls auf ein bestimmtes Gebiet beschränkt sind, nämlich Paludomus in Südasien und auf der Insel Ceylon, und Anculotus, welche Nordamerika bewohnt, jedoch gehören beide, obgleich selbst in Färbung und Form die Chilinen manche Aehnlichkeit mit ihnen darbieten, einer ganz andern Familie an.

1. Chilina major Sowerby.

Taf 9. Fig. 1. 2.

Testa rimata, ovata, nitida, subtiliter striata, olivaceo-rufescens; spira conica, obtusiuscula; anfractibus 6 convexis, seriatim fuscomaculatis; ultimo supra subplanulato, basi attenuato, lineis elevatiusculis cincto; apertura semiovata, alba, plica columellari parva.

Chilina major, Sowerby Conch. Ill. f. 10.
,,   ,,   Jay Cat. 1850. p. 266. no. 6194.

Gehäuse ziemlich gross, geritzt, ungleich eiförmig, ziemlich dünnwandig, schwach und etwas seidenartig glänzend, fein gestreift, olivenröthlich, nach unten tief rostroth. Das Gewinde breit, kegelförmig, abgesetzt, wenig ausgezogen, stumpflich; die Windungen rasch zunehmend, flach gewölbt, am oberen Theil eingezogen, durch eine einfache Naht verbunden, der gewölbte Mitteltheil hat eine Reihe von bogigen oder zackigen Querflecken, die letzte Windung gross, bauchig, unten stark verschmälert, oben eingezogen, fast abgeflacht, mit feinen Linien umzogen, an der Grenze dieser Abflachung fast stumpf kielförmig, mit einer Reihe von schiefen dunklen Flecken; die Basilarhälfte ist mit feinen erhobenen Längslinien umzogen; welche oberhalb des Nabels stärker hervortreten. Mündung länglich, oben verschmälert, weiss; der Mundsaum oben bogig heraustretend, dann gerade, unten flachbogig in die Innenlippe übergehend, diese weiss, Spindel etwas concav, mit schwacher Falte. Höhe 15''', Breite 8'''. (Sammlung von Dr. Philippi.)

Aufenthalt: in Chili, im See von Llanquihue.

2. Chilina ampullacea Sowerby.

Taf. 10. Fig. 12 (nach Sowerby).

Testa rimata, ovata, subtiliter striata, olivacea; spira brevi, obtusa; anfractibus convexis, seriatim fusco-maculatis, ultimo ventroso, supra subplanulato, basi lineato; apertura semiovali, rufa, obsolete fasciata; plica columellari obsoleta.

Chilina ampullacea, Sowerby Malac. and Conch. Mag. Part. 2. p. 51. Conch. Ill. f. 3.
,,   ,,   Jay Cat. 1850 p. 266. no. 6185.

Der vorigen Art ähnlich, aber weit bauchiger, das Gewinde kürzer, die Spindelfalte äusserlich kaum entwickelt und die Windungen oben mehr verflacht. Das Gehäuse ist kurz eiförmig, bauchig, fein gestreift, olivengelblich, das Gewinde violett bräunlich, Spira kurz, stumpf, die Windungen abgesetzt, mit einer Fleckenreihe umzogen, die letzte gross, oben verflacht, mit zackig gebogenen, reihenweise stehenden Flecken am oberen Theil. Die Basis mit schwachen Streifen umzogen.

Mündung gross, unregelmässig halbeiförmig, röthlich, mit vier undeutlichen dunkleren Binden; Mundsaum oben fast gerade heraustretend, dann stumpf gebogen absteigend; Spindel concav, mit dünnem Umschlag, die Innenlippe weiss, etwas lostretend, die Spindelfalte äusserlich kaum entwickelt. **Höhe 15′′′, Breite 11′′′.**

Aufenthalt: in Peru.

3. Chilina fluviatilis Gray.

Taf. 9. Fig. 3. nat. Gr. 4. vergr. Taf. 10. Fig. 8. 9.

Testa rimata, conico-ovata, nitida, olivaceo-flava; spira acuta; anfractibus convexis, ultimo rufo-fasciato vel strigis undulatis rufis perducta; apertura oblonga, alba vel rufa, columella subconcava, uniplicata.

Chilina fluviatilis, Gray. Sowerby Conch. lll. f. 5.
,,   ,,   Jay Cat. 1850 p. 266. no. 6192.

Gehäuse eiförmig, dünnwandig, etwas glänzend, fein gestreift, hellgelb oder olivengelb, das Gewinde etwas bräunlich überloufen gewöhnlich zugespitzt. Windungen gewölbt, die ersten niedrig, die übrigen rasch zunehmend, mit einer undeutlichen Fleckenbinde; die letzte gross, doppelt so hoch als das Gewinde, bauchig, unten verschmälert, mit Reihen von Flecken umzogen oder mit bräunlich rothen gewundenen und gezackten Striemen besetzt, am Oberrand ist ebenfalls ein braunrother Streifen. Mündung etwas eiförmig, in der Mitte am weitesten, oben stark verengt, weiss, öfters mit röthlichen Binden oder blassroth mit dunkleren Striemen; Mundsaum scharfrandig, fast gerade absteigend, unten bogig in die Innenlippe übergehend, diese weiss, oben dicht anliegend, die Spindel geschweift, mit schiefer, nicht sehr starker Falte. Höhe 6—8′′′, Breite 3½—5′′′. (Aus meiner Sammlung.)

Aufenthalt: in Patagonien nach Philippi.

4. Chilina puelcha d'Orbigny.

Taf. 9. Fig. 5. nat. Gr. 6. vergr.

Testa ovata, obtusiuscula, nitidula, regulariter tenui-striata, olivaceo-flava, strigis fuscescentibus undulatis producta, obsolete quadrifasciata, apertura albido-carnea, rufo-fasciata, columella concava, uniplicata.

Limnaeus puelcha, d'Orbigny Voyag. Am. mer. t. 43.
Chilina puelcha, Sowerby Conch. lll. f. 13.
,,   ,,   Jay Cat. 1850. p. 266. no. 6199.

Gehäuse eiförmig, beiderseits stumpfspitzig, matt seidenartig glänzend; sehr fein und regelmässig dicht rippenstreifig, olivengelb, mit braunen wellenförmigen

Striemen, die sich, breiter werdend, zu vier unterbrochenen Binden ausbilden. Das Gewinde niedrig, stumpf, die Windungen oben etwas verflacht; dann schräg abfallend, die letzte gross, etwas bauchig. Mündung weit, blass fleischfarben, mit vier, den äusseren entsprechenden, röthlichen Binden, der Mundsaum scharf, ziemlich gerade absteigend. Spindel in der Mitte ausgerandet, mit einer ziemlich scharfen, wenig schiefen Falte; der Umschlag weiss, unten etwas lostretend. Höhe 7''', Breite 5'''. (Sammlung von Dr. Philippi.)
Aufenthalt: in Patagonien.

5. Chilina fluctuosa Gray.

Taf. 9. Fig. 7. nat. Gr. 8. 9. vergr.

Testa imperforata, ovata, utrinque attenuata, tenera, subregulariter striata, interdum malleata, olivacea, flammulis strigisque undulatis fuscis ornata; spira brevi, obtusiuscula; anfractibus 5 convexis; apertura subsemilunari, fusco-flammulata, columella subconcava, uniplicata.

Auricula fluctuosa, Gray Spicil. Zool. p.5 t.6 f.9.
Limnaeus fluctuosus, d'Orbigny Voyag. Am. mér. t. 43 f. 13—16.
Chilina fluctuosa, Sowerby Conch. Ill. f. 2.
      ,,   ,,   Jay Cat. 1850. p. 266. no. 6188.

Gehäuse ungeritzt, gestreckt eiförmig, dünnwandig, schwach glänzend, fast regelmässig fein rippenstreifig, olivengelb, mit röthlich braunen welligen Flammen und Striemen. Das Gewinde niedrig, aus breit kegelförmiger Basis schnell verschmälert und stumpfspitzig; die ersten Windungen klein, die vorletzte gross, die letzte öfters mit hammerschlägigen Eindrücken. Mündung eng, fast halbmondförmig, innen glasglänzend, mit braunrothen Flammen, der Mundsaum sanft gebogen, scharfrandig. Spindelsäule wenig concav, mit schwacher, schnell abwärts gebogener, dann in leichter Biegung absteigender Falte, der Umschlag breit aber sehr dünn, allerorts anliegend, gelblich. Höhe 8''', Breite 5'''. (Aus meiner Sammlung.)
Aufenthalt: in Chili.

6. Chilina Tehuelcha d'Orbigny.

Tafel 9. Fig. 10. 11. Tafel 10. Fig. 3. 4.

Testa rimata, subovata, basi fortiter attenuata, nitidiuscula, subtiliter striata, olivacea; spira brevi, acutiuscula; anfractibus convexis, supremis corneo fuscis, ultimo seriatim fusco-maculato vel punctato; apertura oblonga, alba, columella uniplicata.

Limnaeus tehuelcha, d'Orbigny.
Chilina Tehuelcha, Sowerby Conch. Ill. f. 9.
      ,,   ,,   Jay Cat. 1850 p. 266 no. 6199.

Gehäuse eng geritzt, ungleich eiförmig, nach unten stark verschmälert, besonders in der Jugend (Fig. 10. 11) ziemlich dünnwandig, schwach und fast seidenartig
glänzend, fein gestreift, mit sehr feinen, nur bei Vergrösserung deutlichen Spiral-
streifen, olivengrün oder gelb, häufig mit einem schwärzlichen Schmutzüberzug
(Fig. 3) bedeckt. Das Gewinde niedrig, breit kegelförmig, die ersten Windungen
glänzend, hornbraun, sehr klein, die folgenden schnell zunehmend, mit weisslichem
Oberrand und mit braunrothen undeutlichen Flecken umgürtet, die letzte gross, die
Wölbung verflacht, oben etwas abgeflacht, mit Reihen von kleinen braunen Fleckchen
und Pünktchen. Mündung gross, fast halbeiförmig, weisslich; der Mundsaum innen
etwas verdickt; die Spindelsäule mit schiefer Falte, unter derselben etwas verdickt;
der Umschlag dünn, milchweiss, halbdurchsichtig. Höhe 12''', Breite 8'''. (Aus
meiner Sammlung.)

Aufenthalt: in Patagonien.

7. Chilina ovalis Sowerby.

Tafel. 9. Fig. 12 nat. Gr. 13. 14 vergr.

Testa imperforata, oblongo-ovata, utrinque attenuata, tenuiuscula, subtilissime striata, nitidula,
fuscescenti-olivacea, strigis undulatis subquadri-serialis fuscis ornata; spira acuta, anfractibus convexis,
ultimo ventriculoso; apertura subsemiovali, pallide rufescente, obsolete fasciata, columella arcuata,
uniplicata.

Chilina ovalis, Sowerby Malac. and Conch. Mag. Part. 2; Conch. Ill. f. 6.
„   „   Jay Cat. 1850. p. 266 no. 6195.

Gehäuse nicht geritzt, eiförmig, beiderseits verschmälert, dünnwandig, etwas
durchscheinend, glänzend, sehr fein gestreift, heller oder dunkler olivenröthlich, mit
braunen bogigen oder zackigen Streifchen und Flecken, welche vier unterbrochene
Binden bilden, sich auch öfters zu zackigen Streifen und Striemen vereinigen. Das
Gewinde mässig hoch, konisch, zugespitzt, die ersten Windungen sehr klein, die
beiden vorletzten stark gewölbt, oben etwas flach, die letzte schwach bauchig erweitert. Mündung fast halbeiförmig, innen röthlich, mit undeutlichen rothen Fleckenbändern; Spindelsäule mit dünnem Umschlag, die Innenlippe weiss, aussen mit deut-
licher gegen den oberen Theil der schwachen Falte sich ziehender Kante. Höhe 7''',
Breite 4½'''. (Aus meiner Sammlung.)

Aufenthalt: in Chili und auf der Insel Chiloë.

8. Chilina fluminea Maton.

Testa parva, imperforata, vix nitidula, sublilissime striata, olivaceo-viridis, seriatim fusco-maculata; spira obtusula, anfractibus convexis, ultimo inferne attenuato; apertura semiovali, lactea, maculatim fasciata; columella alba, biplicata.

Voluta fluminea, Maton Linn. Trans. 10. t. 24. f. 13—15.
Chilina fluminea, Gray Spicil. Zool. p. 5.
Limnaeus flumineus, d'Orbigny.
Chilina fluminea, Sowerby Conch. Ill. f. 7.
„   „   Jay Cat. 1850. p. 266. no. 6190.

Gehäuse undurchbohrt, eiförmig, ziemlich solide, kaum glänzend, sehr fein gestreift, gelbgrün, mit vier aus meist quadratischen, zuweilen weisslich gerandeten Fleckchen zusammengesetzten rothbraunen Binden, die aber zuweilen sehr sparsam vorhanden sind, zuweilen auch ganz fehlen. Das Gewinde ist mittelhoch, meist abgestumpft, die Windungen gewölbt, die letzte unten verschmälert. Mündung ziemlich weit, milchweiss, mit vier rothbraunen Fleckenbändern; der Mundsaum regelmässig gerundet; Spindelsäule weiss, mit starker Falte, oberhalb derselben eine zweite, durch eine Ausbuchtung getrennte, ebenfalls fast waagrecht in das Innere verlaufende, jedoch etwas kleinere Falte. Höhe 5‴, Breite 3½‴. (Aus meiner Sammlung.)
Aufenthalt: in Brasilien und Buenos Ayres.

9. Chilina Dombeyana Bruguiére.

Testa ovato-oblonga, solida, subrugosa, olivaceo-fulva, unicolor vel fasciis quatuor transversis fusco-maculatis; spira longiuscula, apice erosa; anfractibus convexis, superne planulatis; apertura semi-ovali, alba, interdum rufo-fasciata, columella alba, biplicata.

Bulimus Dombeyanus, Bruguiére Dict. no. 66.
Auricula Dombeyana, Lamarck Anim. s. Vert. 2 ed. 8. p. 331. no. 11.
„   fluviatilis, Lesson Voyag. de Coq. Zool. 2. p. 342. no. 88.
Conovulus bulimoides, Enc. meth. t. 489. f. 7. A. B.
Limnaeus Dombeyanus, d'Orbigny Voyag. Am. mér. p. 333.
Chilina Dombeyana, Sowerby Malac. and Conch. Mag. 2. p. 51.
„   „   Sowerby Conch. Ill. f. 11.
„   „   Jay Cat. 1850. p. 266. no. 6180.

Gehäuse gestreckt eiförmig, solide, fein gestreift und von starken Wachsthumsabsätzen rauh, hell olivenbräunlich, entweder einfarbig oder mit braunrothen, oft der Länge nach zusammenhängenden, vier Binden bildenden Flecken besetzt, häufig die ganze Oberfläche mit schwarzem Schmutzüberzug vollständig bedeckt. Das Gewinde mindestens von der Höhe der Mündung, abgefressen, die Windungen gewölbt, die letzte schlank, vorn gegen den Mundsaum ist die Wölbung abgeflacht oder selbst eine flache Einsenkung wahrnehmbar, der Randtheil ist schief dachförmig verflacht. Mündung länglich, ungleich halbeiförmig, weiss oder röthlich, mit vier mehr oder weniger deutlichen Fleckenbinden. Mundsaum innen lippenartig verdickt, weiss, ebenso der Spindelumschlag, Spindelsäule mit einer starken etwas schrägen, oberhalb derselben mit einer zweiten schwächeren Falte. Höhe 12''', Breite 6—7'''. (Aus meiner Sammlung.)

Aufenthalt: in Flüssen von Peru.

10. Chilina robustior Sowerby.

Taf 10. Fig. 1. 2. (nach Sowerby).

Testa ovata, solidula, subtilissime striata, olivaceo-lutea, seriatim fusco-maculata et punctata; spira lata, subconica, apice erosa, anfractibus convexis, ultimo ventroso; apertura semiovali, albida, maculatim fasciata; columella alba, biplicata.

Chilina robustior, Sowerby Malac and Conch. Mag. Part. 2.
" " Sowerby Conch. Ill. f. 1.

Gehäuse eiförmig, solide, fein gestreift, olivengelbröthlich, mit braunen Flecken und Punkten, die bindenartig beisammenstehen, geziert. Das Gewinde ist breit kegelförmig, mässig hoch, die Spitze weit herab abgefressen, die Windungen gewölbt, die letzte bauchig, unten verschmälert. Mündung halbeiförmig, weisslich, mit vier Binden aus röthlichen Flecken. Spindel concav, mit breitem, weissem Umschlag, die gewöhnliche Falte ziemlich stark, schräg abwärts gerichtet, über ihr eine zweite etwas schwächere. Höhe 12''', Breite 8'''.

Aufenthalt: ?

11. Chilina Parchappii d'Orbigny.

Tafel 10. Fig. 5. 7 nat. Gr. 6 vergr.

Testa ovato-elongata, tenuiuscula, subtiliter striata, flava vel olivacea, rufescenti strigata vel maculatim quadrifasciata; spira conica, acutiuscula, subelongata, anfractibus convexis, ultimo basi attenuato; apertura semiovali, albida, rufo-fasciata; columella uniplicata, extus acute marginata.

Limnaeus Parchappii, d'Orbigny.
Chilina Parchappii, Sowerby Conch. Ill. f. 8.
" " Jay Cat. 1850. p. 266. no. 6196.

Gehäuse langgestreckt eiförmig, ziemlich dünnwandig und etwas durchscheinend, fein und dicht gestreift, röthlichgelb oder olivengrün, mit vier braunrothen Flecken-

9 *

binden oder gleichfarbigen Striemen und Zackenstreifen. Das Gewinde lang ausgezogen, oft nur wenig kürzer als die Mündung; die Windungen gewölbt, die ersten nicht selten abgefressen, die letzte unten merklich verschmälert, zuweilen vorn seitlich abgeflacht oder selbst etwas eingesenkt. Mündung halbeiförmig, weisslich mit braunrothen Bändern oder Striemen. Spindel wenig gebogen, mit dünnem Umschlag, unten mit kantigem Aussenrand, welche Kante oberhalb der schrägen etwas schwachen Falte sich einwärts biegt und dann verflacht. Höhe 7 — 10''', Breite 3½ — 4½'''. (Aus meiner Sammlung.)

Aufenthalt: in der Argentinischen Republik.

12. Chilina gibbosa Sowerby.

Taf. 10. Fig. 13. 14.

Testa ovata, tenuiuscula, olivacea, nitidula; spira brevi, late conica, saepe apice erosa, anfractibus convexis, superne oblique planulatis, ultimo magno, interdum malleato et lineis obsoletis-elevatis cincto; apertura subsemiovali, albida vel rufescente, pallide rufo-fasciata; columella alba, uniplicata, medio sinuato-concava.

Chilina gibbosa, Sowerby Malac. and Conch. Mag. Part. 2.
„   „   Sowerby Conch. Ill. f. 4.
„   „   Jay Cat. 1850 p. 266 no. 6193.

Gehäuse eiförmig, öfters seitlich etwas zusammengedrückt, schwach glänzend, nicht selten etwas hammerschlägig oder mit undeutlichen erhobenen Linien umzogen, welche besonders an dem Basaltheil fast nie fehlen, während sie oben mehr oder weniger verschwinden. Das Gewinde ist niedrig, abgesetzt, meist mit abgenagter Oberfläche der mässig gewölbten Windungen, die letzte ist unten stark verschmälert oben dachförmig abgeflacht. Mündung unregelmässig halbeiförmig, weiss oder röthlich mit blassröthlichen wenig deutlichen Binden und Striemen der neuen Ansätze. Spindelsäule mit weissem Umschlag, die Falte ziemlich stark, wenig schief, oberhalb derselben eine deutliche Ausbuchtung, unterhalb der Falte ist der Spindelrand stumpf zahnartig erweitert. Höhe 9''', Breite 6'''. (Aus Lischke's Sammlung.)

Aufenthalt: im südlichen Amerika, nach Lischke's Sammlung aus Chili.

Bemerkung. Der Analogie nach dürften wohl auch bei dieser Art Exemplare mit Binden an der Aussenfläche vorkommen, da sie in der Mündung angedeutet sind, jedoch bildet Sowerby sie eben so einfarbig ab, als sie an den mir zu Gesicht gekommenen Exemplaren war.

13. Chilina tenuis Gray.

Testa ovato – elongata, tenuiuscula, subtilissime striata, nitidula, olivaceo – fuscesceus, unicolor vel rufescenti-fasciata, vel rufo-strigata; spira conica, acuta, anfractibus convexis, ultimo saepius superne oblique planulato, basi attenuato; apertura semiovali, alba aut rufescente, obsolete fasciata, columella uniplicata.

Chilina tenuis, Gray. Sowerby Conch. III. f. 12.
      „   „   Jay Cat. 1850. p. 266. no. 6200.

Gehäuse gestreckt eiförmig, ziemlich dünnwandig, etwas durchscheinend, schwach glänzend, olivengrünlich oder bräunlich, einfarbig oder mit vier undeutlichen röthlichen Binden umzogen, seltner mit braunrothen welligen oder gezackten Striemen und Strichen geziert. Das Gewinde mässig hoch, spitzig, etwas abgesetzt, die Windungen gewölbt, die vorletzte, noch mehr die letzte oben dachförmig schräg abgeflacht, unten stark verschmälert. Mündung halbeiförmig, weisslich, fleischfarben oder röthlich; meist mit wenig deutlichen bräunlichen oder blassrothen Binden. Mundsaum dünn, zugeschärft. Spindel fast gerade mit dünnem Umschlag, die Falte schwach, fast zugeschärft, schräg absteigend, fast unmittelbar in den scharfen Aussenrand des Spindelumschlags übergehend. Höhe 9 — 10''', Breite 5 — 6'''. (Aus meiner und Lischke's Sammlung.)

Aufenthalt: bei Valparaiso in Chili.

Isidora Ehrenberg.

Isidora, Ehrenberg Symb. phys. I. — Aplexa, Gray — Physa, Bourguignat.

Gehäuse dem der Gattung Physa ähnlich, links gewunden, dünnwandig, bald glatt, bald mit feinen Lamellen oder Rippen entweder nur auf den oberen Windungen oder durchaus besetzt. Das Gewinde mässig hoch oder höher als die Mündung. Die Windungen gewölbt, die letzte bauchig. Mündung eiförmig, durch die Mündungswand oben ausgeschnitten, der Mundsaum gerade, scharf, Spindel mit dünnem, frei abstehendem Umschlag, der die ritzenförmige tief eindringende Nabelöffnung grösstentheils frei lässt.

Das Thier gleicht ebenfalls dem von Physa, unterscheidet sich aber dadurch, dass der Mantel in eine lange Athemröhre ausgezogen ist.

Die Gattung scheint fast durchaus afrikanisch zu sein, Ehrenberg hat zwei Arten bekannt gemacht, die ganze Bildung lässt vermuthen, dass von den südafrikanischen wenigstens die von Krauss bekannt gemachte Physa Wahlbergi, sowie zwei von Dunker publicirte Arten von Guinea hieher gehören, daher ich sie auch mit aufgenommen habe. Wahrscheinlich gehört auch Physa natalensis Krauss, sowie Ph. contorta Michaud zu Isidora.

1. Isidora Brocchii Ehrenberg.

Taf. 12. Fig. 17. nat. Gr. 18. 19. vergr.

Testa rimato-umbilicata, tenera, striata, corneo-flava; spira acutiuscula, sutura profunda, subcanaliculata; anfractibus 4—4½ rotundato-convexis, ultimo inflato; apertura subovali; peristomate recto, acuto; columella strictiuscula.

Isidora Brocchii, Ehrenberg Symb. phys. l. Bogen e p. 4.
Physa Brocchii, Bourguignat Amén. Malacol. 1. p. 169.

Gehäuse tief eindringend genabelt, zugespitzt eiförmig, dünnwandig, schwach glänzend, von den neuen Ansätzen fein gestreift, blass horngelb. Gewinde die halbe Höhe betragend, breit kegelförmig, mit feiner Spitze; die Naht tief, nach unten fast rinnenförmig eingesenkt; Windungen stark gewölbt, fast stielrund, schnell an Breite zunehmend, die letzte bauchig, unten stark verschmälert. Mündung oben durch die Mündungswand bogig ausgeschnitten, weisslich, der Mundsaum scharf, nicht ausgebogen; Spindel ziemlich gerade, mit etwas breitem, freiem Umschlag. Höhe 5 — 7‴, Breite 4½ — 6‴. (Aus meiner Sammlung.)

Aufenthalt: im Nil, nach Bourguignat auch in der Provinz Algier.

2. Isidora lamellosa Roth.

Tafel 12. Fig. 20. nat. Gr. 21. 22 vergr.

Testa aperte rimata, fusiformi-ovata; tenuis, pallida ochracea, spira obtusa, sutura profunda, anfractibus 5 convexis, prope angulum suturae obsolete unicarinatis, crebris lamellis eleganter costulatis, apertura ovali, fere integra, marginibus modo connexis modo disjunctis, vix incrassatis.

Isidora lamellosa, Roth Spicil. Moll. p. 33 no. 1 t. 2. f. 14. 15.

Gehäuse offen geritzt, langestreckt eiförmig, dünnwandig, weisslichgelb; Spira höher als die Mündung, abgestumpft; Naht stark eingezogen, die Windungen hoch gewölbt, neben dem Oberrand mit einem stumpfen Kiel umzogen, mit feinen lamellenartigen Rippen dicht besetzt, welche bei alten Exemplaren oft nur an den oberen Windungen sichtbar, an den unteren aber abgerieben sind. Mündung eiförmig, oben

durch die Mündungswand kaum ausgeschnitten, die Mundränder zusammengeneigt, bald getrennt, bald durch eine schwache Schwiele verbunden, der Mundsaum kaum verdickt, unten etwas ausgebogen. Höhe 2—3''', Breite ³/₄—1'''. (Aus meiner Sammlung, die Exemplare von Roth mitgetheilt.)
Aufenthalt: im Nil.

3. Isidora Wahlbergi Krauss.

Taf. 12. Fig. 23 nat. Gr. 24 vergr. (nach Krauss).

Testa elongata-turrita, tenuis, pellucida, pallide cornea, striata; spira elongata, acuta; anfractibus 7 convexiusculis, costulato-striatis, superioribus carinatis, ultimo convexo; ²/₃ longitudinis aequante; sutura profunda; apertura elongato-ovata, fundo alba; peristomate simplice; columella subarcuata, subplicata; margine brevi, reflexo.

Physa Wahlbergi, Krauss südafr. Moll. p. 84 no. 4. t. V. f. 13.
,,   ,,   Bourguignat Aménit. Malacol. 1. p. 180.

Die Naht ist tief, daher die Umgänge deutlich hervortreten, aber im Umriss doch nur schwach convex sind; der letzte ist länger als breit, unregelmässig gestreift. Die Mündung ist 2,2''' lang und 1''' breit, unten am weitesten; die Spindel oben schwach eingedrückt und dann etwas erhoben, ihr Rand umgeschlagen aber nicht angewachsen, so dass eine schwache Nabelritze von unten sichtbar ist. Länge 6''', Breite 2'''. (Krauss.)
Aufenthalt: Südafrika, im Limpopo-Fluss von Wahlberg gesammelt.

4. Isidora Schmidtii Dunker.

Taf. 12. Fig. 25. nat. Gr. 26. vergr. (nach Dunker.)

Testa elongata, nitida, diaphana, pallide cornea; spira exserta acuta; anfractus 4 — 5 tumidi, tenerrime striati, sutura profunda separati, superiores costulati; apertura oblique ovata; columella subreflexa. Alt. 4¹/₂''' (Dunker).

Bulinus Schmidtii, Dunker Ind. Moll. Guin. inf. p.9. no.24. t.2. f. 7. 8.

Der nächsten Art sehr ähnlich, verschieden durch niedrigeres, etwas solideres Gehäuse, gewölbtere Windungen, deren obere deutlich gerippt.
Aufenthalt: in Nieder-Guinea bei Benguela.

5. Isidora scalaris Dunker.

Taf. 12. Fig. 27. nat. Gr. 28. vergr. (nach Dunker.)

Testa subturrito-elongata, tenuissima, pallide cornea, nitida, diaphana, subhyalina; spira exserta; anfractibus quinque vel sex convexi subtilissime striati, sutura profunda disjuncti, ultimus spira parum major; apertura oblique ovata ad marginem columellarem subreflexa, ita et fissura umbilicaris appareat. — Altid. specim maximi fere semidigitalis (Dunker).

> Physa scalaris, Dunker in Zeitschr. f. Malacaz. 1845. p. 164.
> Bulinus scalaris, Dunker Ind. Moll. Guin. inf. p. 8. no. 23. t. 2. f. 5. 6.
> Physa scalaris, Bourguignat Amén. Malacol. 1. p. 179.

Aufenthalt: in Nieder – Guinea bei Benguela.

Nachstehende Art ist mir nur aus der Beschreibung bekannt.

6. Isidora Hemprichii Ehrenberg.

Quadrilinearis et semipollicaris, ovata, umbilicata, transverse subtiliter striata, aperturae margine inflexo, hinc angustiore. In Diario aegyptiaco haec scripsimus: Testa tenuis, semipollicaris, saepe minor, unicolor fusca, anfractibus spirae 4. Juvenilis testa striis transversis subcarinata. (Ehrenberg).

> Isidora Hemprichii, Ehrenberg Symb. phys. I. Bogen e. p. 3.

Aufenthalt: in Aegypten bei Balak und zwischen Alexandrien und Rosette an Wasserpflanzen.

Der Vollständigkeit wegen folgt hier noch eine Gattung, deren Beschreibung und Abbildung aus der schon erwähnten Schrift von Krauss über die südafrikanischen Mollusken copirt sind, da ich die Schnecke selbst nicht erhalten konnte.

Physopsis Krauss.

Krauss, die südafr. Moll. p. 85.

Dieses neue Genus verhält sich durch die Columella involuta zu Physa, wie Achatina zu Bulimus; es schien mir daher die Aufstellung desselben gerechtfertigt zu sein, selbst ohne über das Thier, das der Entdecker nicht mitgebracht hat, etwas Näheres angeben zu können.

Die Schale kommt im Habitus mit Physa überein und unterscheidet sich nur durch die eingerollte Spindel, welche oben eine schiefe faltenartige Anschwellung hat, unten frei und durch einen Ausschnitt mit dem unten etwas umgeschlagenen Mundsaum verbunden ist, ferner durch den Mangel eines Spindelrandes und Nabelloches.

1. Physopsis africana Krauss.

Taf. 12. Fig. 29. Die vergrösserte Columella Fig. 30.

Testa ventricoso-ovata, nitida, subpellucida, livida, subtilissime striata; spira brevi; anfractibus

5 convexiusculis, ultimo ventricosa, $\frac{2}{3}$ longitudinis superante; sutura mediocri; apertura oblongo-ovata; peristomate simplice. Long. 5,8, diam. 4 lin.

Physopsis africana, Krauss südafr. Moll. p. 85. t. V. f. 14.

Die Umgänge sind durch eine schwache Naht getrennt und wenig convex. Die Mündung ist 4''' lang und 2''' breit, in der Mitte am weitesten, oben zugespitzt. Die Streifen sind ausserordentlich fein. (Krauss.)

Aufenthalt: an der Natalküste von Wahlberg entdeckt.

Uebersicht der Tafeln.

I. 17b.

Alphabetisches Verzeichniss

der beschriebenen Gattungen und Arten.

(Die wirklichen Arten sind durchschossen gedruckt.)

Amphipeplea Nilson p. 58.

Cumingiana L. Pfr. no. 2 t. 10 f. 18. 19.
glutinosa Müll. no. 1 t. 10 f. 20 21.
Strangei L. Pfr. no. 3 p. 60.

Auricula

Dombeyana Lam. p. 66 no. 9.
fluctuosa Gray p. 64 no. 5.
fluviatilis Less. p. 66 no. 9.

Buccinum

auricula Müll. p. 4 no. 4.
glabrum Müll. p. 23 no. 28
glutinosum Müll. p. 59 no. 1.
limosa Chem. p. 7 no. 6.
obscurum Poir. p. 17 no. 21.
palustre Mühlf. p. 19 no. 23.
peregrum Müll. p. 14 no. 18.
stagnale Müll. p. 2 no. 1.

Bulimus

auricularius Brug. p. 4 no. 4.
Dombeyanus Brug. p. 66 no. 9.
glutinosus Brug. p. 59 no. 1.
leucostomus Poir. p. 23 no. 28.
palustris Poir. p. 19 no. 23.
pereger Brug. p. 14 no, 18.

Bulinus

scalaris Dkr. p. 71 no. 5.
Schmidtii Dkr. p. 71 no. 4.

Chilina Gray p. 61.

ampullacea Sow. no. 2 t. 10 f. 12.
Dombeyana Brug. no. 9 t. 9 f. 18. 19.
fluctuosa Gray no. 5 t. 9. f. 9.
fluminea Mat. no. 8 t. 9 f. 15—17. t. 10
    f. 10 11.
fluviatilis Gray no. 3 t. 9 f. 3. 4. t. 10 f. 8. 9.
gibbosa Sow. no. 12 t. 10 f. 13. 14.
major Sow. no. 1 t. 9 f. 1. 2.
ovalis Sow. no. 7 t. 9 f. 12—14.
Parchappii d'Orb. no. 11 t. 10 f. 5—7.
pulcha d'Orb. no. 4 t. 9 f. 5. 6.
robustior Sow. no. 10 t. 10 f. 1. 2.
tehueicha d'Orb. no. 6 t. 9 f. 10. 11 t. 10
    f. 3. 4.
tenuis Gray no. 13 t. 10 f. 15—17.

Gulnaria Leach.

peregra Leach p. 14 no. 18.

Helix

atrata Chemn. p. 14 no. 18.
auricularia Lin. p. 4 no. 4.
corvus Gm. p. 19 no. 23.
fossaria Mont. p. 17 no. 21.
fragilis Lin. p. 19 no. 23.
glutinosa Gm. p. 59 no. 1.
limosa Lin. p. 7 no. 6.
octofracta Mont. p. 23 no. 28.
palustris Gm. p. 19 no. 23.
peregra Gm. p. 14 no. 18.

*) Im Text steht fälschlich Taf. 4 statt Taf. 3.

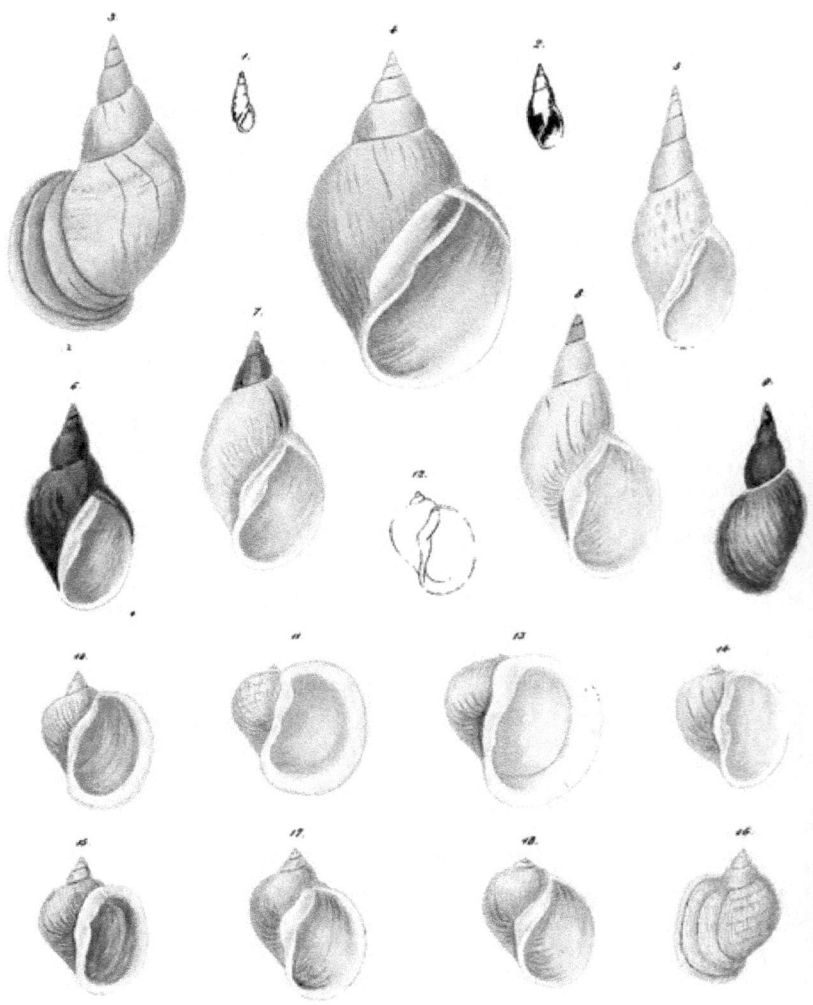

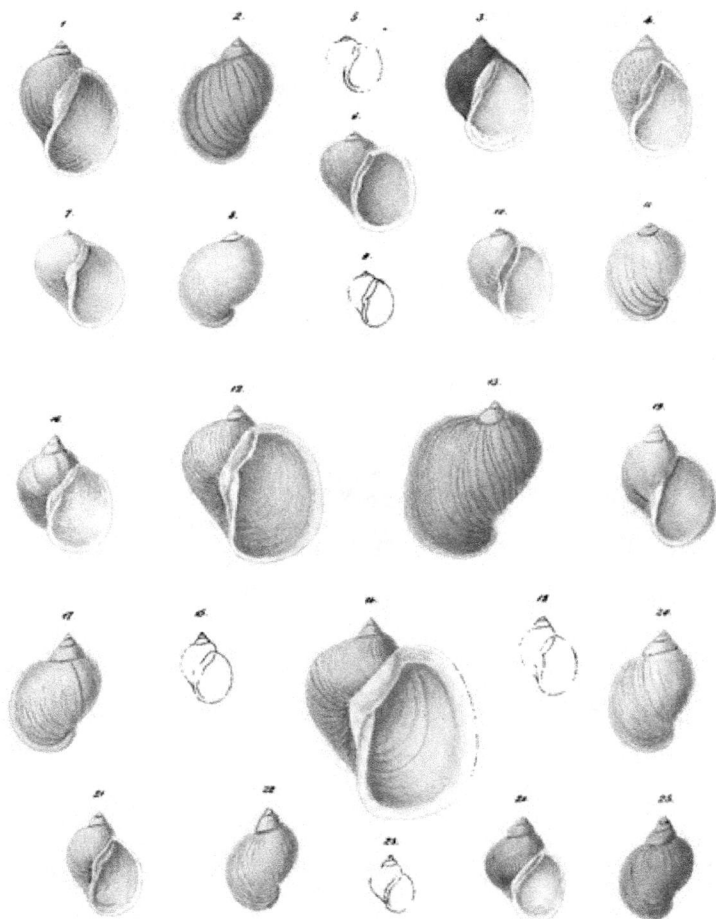

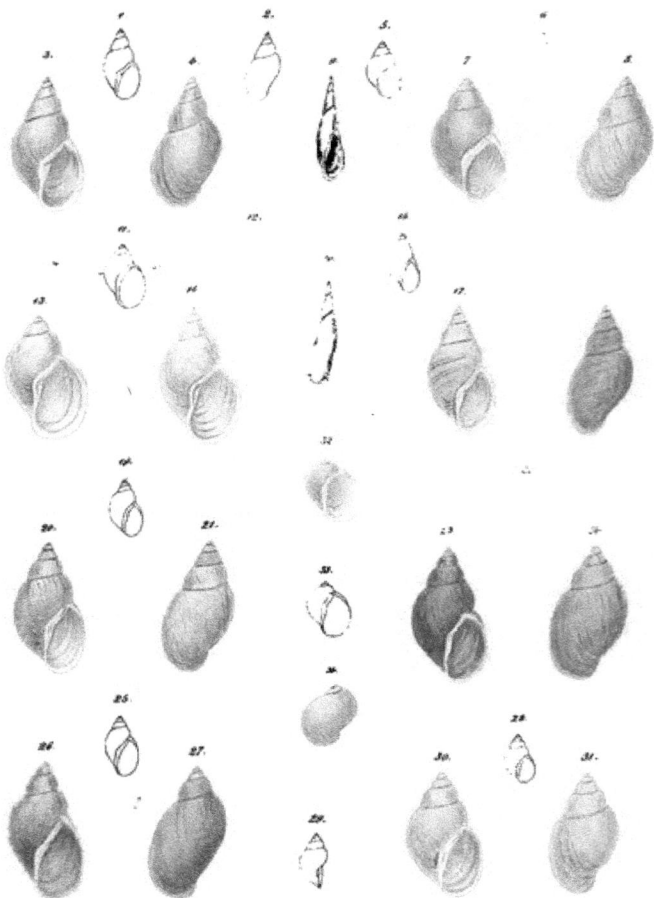

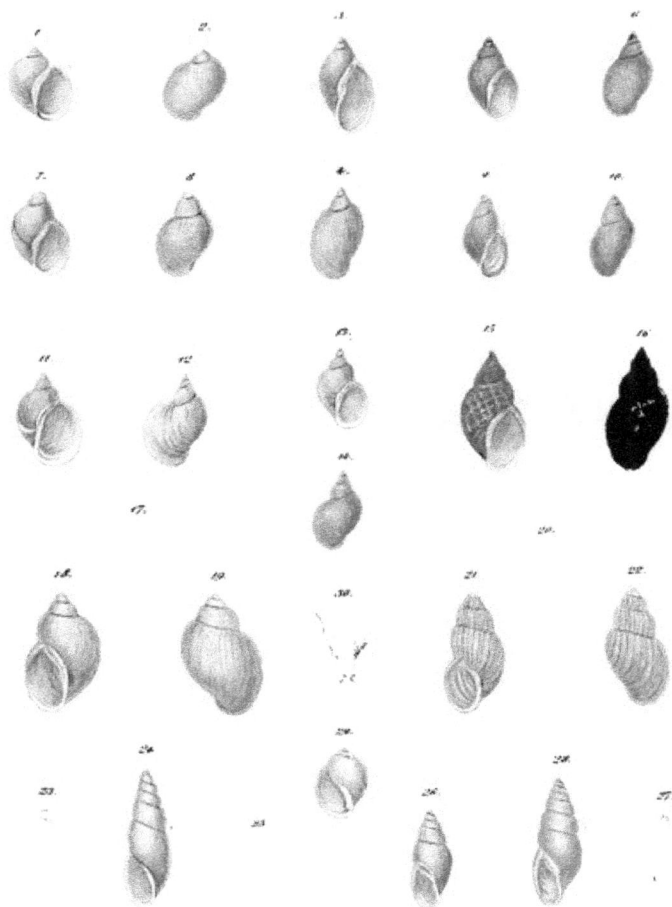

www.ingramcontent.com/pod-product-compliance
Lightning Source LLC
Chambersburg PA
CBHW021952190326
41519CB00009B/1225